普通高等教育"十四五"计算机类专业系列教材

C 语言程序设计

杨树元◎主　编

王保琴　陈润资◎副主编

丁　盟　李　芹

中国铁道出版社有限公司

CHINA RAILWAY PUBLISHING HOUSE CO., LTD.

内 容 简 介

本书全面、系统地介绍了 C 语言的基本概念、基本语法和编程方法。全书包括 C 语言程序设计概述、数据类型、运算符和表达式、程序控制语句、数组、指针、函数和变量生命周期及作用域、结构体及其应用、编译预处理和文件的使用方法等内容。书中针对 C 语言的特点，结合语法的要求，精心安排每一个程序实例，使读者能够体会到编程的乐趣，掌握 C 语言编程的方法和要领。

本书语言通俗，层次分明，理论与实例相结合，可作为高等院校数学、计算机及其相关专业的教材，也可作为全国计算机等级考试及 C 语言爱好者的自学参考书。

图书在版编目（CIP）数据

C 语言程序设计/杨树元主编 . —北京：中国铁道出版社
有限公司，2023.2（2024.8 重印）
普通高等教育"十四五"计算机类专业系列教材
ISBN 978-7-113-29913-2

Ⅰ.①C⋯ Ⅱ.①杨⋯ Ⅲ.①C 语言 – 程序设计 – 高等
学校 – 教材 Ⅳ.① TP312.8

中国国家版本馆 CIP 数据核字（2023）第 014371 号

书　　名：C 语言程序设计
作　　者：杨树元

策　　划：魏　娜　　　　　　　　　　编辑部电话：（010）63549508
责任编辑：张　彤
封面设计：白　雪
封面制作：刘　颖
责任校对：苗　丹
责任印制：樊启鹏

出版发行：中国铁道出版社有限公司（100054，北京市西城区右安门西街 8 号）
网　　址：https://www.tdpress.com/51eds/
印　　刷：河北京平诚乾印刷有限公司
版　　次：2023 年 2 月第 1 版　2024 年 8 月第 2 次印刷
开　　本：787 mm×1 092 mm　1/16　印张：10.5　字数：215 千
书　　号：ISBN 978-7-113-29913-2
定　　价：32.00 元

前　言

　　C语言是非常流行的程序设计语言之一，也是计算机专业的专业基础课。一名计算机专业的学生应该精通一到两门程序设计语言，C语言首当其选。

　　据相关统计，在2002年至2022年的20年当中，全世界用C语言进行编程的使用率一直占据第一或第二的位置，可见C语言受程序员的欢迎程度。其实C语言从诞生至今的50多年间，就一直经久不衰，非常受编程爱好者的欢迎。学好C语言不管是对将来要做程序员的大学生，还是对用C语言去实现本专业算法问题的大学生，都是非常重要的。

　　C语言简洁、紧凑；运算符、数据结构丰富；语法灵活多变、程序设计自由度大，颇受大多数程序员的喜爱。但C语言语法检查不太严格，牵涉细节繁多，也给学习程序设计带来诸多不便。本书针对学生特点，抓住主要矛盾，以点带面，突出重点，精选实例讲解，以达到事半功倍的效果。

　　本书适合作为数学及计算机等理工科相关专业的教材，编写人员均具有多年教学经验，由杨树元任主编，王保琴、陈润资、丁盟、李芹任副主编，其中第1~3章由丁盟编写，第4~6章由陈润资编写，第7~8章由王保琴、李芹编写，第9~10章及附录由杨树元编写。全书由杨树元统稿。

　　本书的出版获得河北师范大学2021年度精品教材建设项目立项资助，在此表示感谢。

　　由于编者水平有限，书中难免存在一些缺点和错误，殷切希望广大读者批评指正。

编　者

2022 年 10 月

目　录

第1章
C 语言程序设计
概述

学习目标

（1）初步理解"程序"的概念。

（2）掌握标准与实现的关系。

（3）掌握编辑C语言程序的方法。

（4）初步理解翻译的步骤，掌握"编译"、"连接"和"运行"程序的方法。

（5）学会Visual Studio 2010软件的安装。

（6）能模仿例题编辑、编译、连接和运行另外一个程序。

（7）掌握注释的使用。

（8）掌握main()函数的作用及推荐的写法。

随着计算机技术的发展，程序设计语言也在不断地更新。20世纪60年代初期，ALGOL 60、FORTRAN、COBOL等语言甚为流行，用它们编写的程序开创了最初的软件产业。但是，这些语言的数据类型单调，程序设计主要依赖于程序员的技巧，缺乏一种规范化的设计方法，因此程序很难编写得很大。20世纪70年代兴起了结构化程序设计，约束滥用goto语句，强调程序的模块性，C语言就是这种结构化程序设计语言的代表。

1.1 程序设计语言

冯·诺依曼体系结构是现代计算机的基础，现代主流计算机仍是使用这种体系结构。冯·诺依曼体系结构中一个重要的理论要点就是：计算机应该按照顺序执行程序。当需要计算机完成某项工作时，要将工作过程的每一步用计算机语言指令的形式表示，计算机会自动按照顺序逐条执行指令并完成相应操作，当执行完毕全部指令后即可得到某些预期结果。这种使用计算机语言编写的有序指令序列的集合称为程序。

程序设计语言也称为计算机语言，是用于书写计算机程序的语言。计算机无法直接理解人类使用的自然语言，而人类想要与计算机进行交流，必须要解决语言的问题。程序设计语言通常分为三类：机器语言、汇编语言和高级语言。

1. 机器语言

机器语言是用二进制表示的计算机能直接识别和执行的机器指令的集合。机器语言能够直接被计算机识别并执行，具有灵活、直接执行和速度快等特点。因为机器语言在不同类型的机器上会有差异，可移植性差。

当开发者使用机器语言编写程序时，首先需要熟记计算机的全部指令代码和指令代码的含义，还要处理每条指令和每一数据的存储分配和输入输出，同时需要记忆编程过程中每步使用的工作单元处在何种状态，且全是0和1的指令代码识别度差，极易出现错误，给开发者带来极大的不便。目前除了计算机生产厂家的专业人员外，绝大多数程序员已经不再学习和使用机器语言了。

2. 汇编语言

为了克服机器语言难读、难编、难记和易出错的缺点，人们使用与代码指令实际含义相近的英文单词缩写、字母和数字等符号取代二进制指令，于是就产生了汇编语言。汇编语言使用符号代替机器指令代码，比机器语言便于理解和记忆。汇编语言基本保留了机器语言的灵活性，能够充分地发挥计算机特性，同时在一定程度上也简化了编程过程。

汇编语言编写的程序，需要通过"汇编程序"将其翻译成计算机能够直接识别和执行的机器语言程序，这个过程称为汇编。

汇编语言像机器语言一样，是硬件操作的控制信息，因而仍然是面向机器的语言，使用起来还是比较烦琐，通用性也差。但是，汇编语言编写的程序占用内存空间少，运行速度快，有着高级语言不可替代的用途。

3. 高级语言

高级语言是参照自然语言和数学语言而设计的近似于日常会话的语言，脱离了计算机硬件系统，具有更强的表达能力，可方便地表示数据的运算和程序的控制结构，能更好地描述各种算法，而且容易学习掌握。

高级语言是面向用户的语言。无论何种机型的计算机，只要配备上高级语言相应的编译程序或解释程序，则用该高级语言编写的程序就可以使用，这种用高级语言编写的程序称为源程序。

高级语言并不是特指一种具体的语言，常见的C、C++、C#、Java、Python、PHP、Golang、Swift、Kotlin等都是高级语言。

●●●●● 1.2　C 语言的发展 ●●●●●

20世纪70年代初期，C语言诞生于美国的贝尔实验室，由丹尼斯·里奇（Dennis MacAlistair Ritchie）与肯·汤普森（Kenneth Lane Thompson）设计的B语言为基础发展而来。在它的主体设计完成后，汤普森和里奇用它完全重写了UNIX，且随着UNIX的发展，C语言也得到了不断的完善。像一对孪生姐妹，她们以自己崭新的面貌引起了人们的注意。后来又经过不断改进和实践的考验，这对姐妹已迅速成长和成熟，显示出了强大的生命力，被公认为是最优秀的操作系统和计算机语言之一。近50年来，C语言帮助了UNIX的成功，UNIX的发展又推动了C语言的普及和发展。

C语言的诞生过程如下：

（1）1963年，剑桥大学在Algol 60语言的基础上研发出了CPL语言，CPL语言同Algol 60语言相比更接近硬件一些，但规模比较大，难以实现。

（2）1967年，剑桥大学的马丁·理查兹（Martin Richards）对CPL语言进行了简化，产生了BCPL语言。BCPL语言名称中的B是Basic的缩写，即"简化的"。

（3）1970年，贝尔实验室的肯·汤普森（Kenneth Lane Thompson）以BCPL语言为基础，设计出了简单且接近硬件的B语言（取BCPL的首字母）。之后肯·汤普森用B语言写出了初版的UNIX操作系统。

（4）1973年，贝尔实验室的丹尼斯·里奇（Dennis MacAlistair Ritchie）加入了肯·汤普森的开发项目，合作开发UNIX。他的主要工作是改造B语言，使其更加成熟。丹尼斯·里奇在B语言的基础上设计出了一种新的语言，以 BCPL 的第二个字母作为这种语言的名字，即C语言。C语言的主体完成后，肯·汤普森和丹尼斯·里奇开始用C语言完全重写UNIX操作系统。

（5）1978年，布莱恩·凯尼汉（Brian W.Kernighan）和丹尼斯·里奇合著出版了《C程序设计语言》（*The C Programming Language*），全面系统地讲述了C语言的各个特性及程序设计的基本方法，标志着C语言成为世界上使用最广泛的高级语言之一。

为了使C语言健康地发展下去，在1982年，许多专家学者和美国国家标准协会（ANSI），决定成立C标准委员会，建立C语言的标准。委员会由硬件厂商、编译器及其他软件工具生产商、软件设计师、顾问、学术界人士、C语言作者和应用程序员组成。

C语言的发展史也是C语言标准的发展史，C语言各标准如下：

（1）C89标准：1989年，美国国家标准协会发布第一个完备的C语言标准ANSI X3.159–1989，简称C89，也称为ANSI C。

（2）C90标准：1990年，国际标准化组织（ISO）接受并采纳C89标准作为国际标准ISO/IEC 9899:1990，简称C90，也称为ISO C。由于C90采用的是C89标准，因此C89与C90指的是同一标准。

（3）C95标准：1995年，国际标准化组织通过了一份C90的技术补充ISO/IEC 9899:1990/Amd.1:1995，简称C95。纠正C90中的一些细节，并增加对国际字符集的广泛支持。

（4）C99标准：1999年，国际标准化组织发布ISO/IEC 9899:1999，简称C99。该标准中引入了许多C语言新特性及新函数库。

（5）C11标准：2011年，国际标准化组织发布ISO/IEC 9899/2011，简称C11。该标准提高了C语言对C++的兼容性，并增加了泛型宏、多线程、静态断言、原子操作等新特性。

（6）C18标准：2018年，国级标准化组织发布ISO/IEC 9899/2018，简称C18，是目前最新的C语言标准。在C18中并没有引入新特性，只是对C11进行补充和修正。

●●●● 1.3　C语言的特点 ●●●●

早期C语言主要用于UNIX系统的开发，后来随着计算机的发展与C语言标准的确立，C语言被应用到越来越多的领域，在操作系统、应用软件、嵌入式、游戏开发、驱动开发、物联网、网络架构等领域C语言都被广泛使用。C语言自诞生以来已历经50余年，其依然具有强大的生命力与活力，仍是当今最热门、最实用的高级语言之一。C语言之所以能够受到行业各领域的喜爱，主要原因在于C语言具有以下特点。

1. 语法简练

C语言语句简练、紧凑，语法规定少，数据类型丰富，编译后生成的代码质量高，运行速度快，编写比较自由、简洁，使用简单的方法就能构造出复杂的数据结构。

2. 结构化设计

C语言程序可读性强、结构清晰，在程序设计中讲究自顶向下规划项目的思路，在编程中注意每个功能模块化编程，各个功能模块之间体现出结构化的特点。

函数是C语言程序的基本单位，函数之间除了必要的信息交换以外彼此独立，这种结构方式可以使程序层次清晰，便于维护、调试和使用，为模块化程序设计提供了有力的支持。

3. 高效性

C语言具有直接访问操作内存的能力，可以生成高质量和高效率的目标代码，对于同一个程序，使用C语言编写的程序生成的目标代码仅比汇编语言编写的程序生成的目标代码执行效率低10%~20%，这是其他高级语言不能相比的。

4. 可移植

由于C语言的编译器能够移植到不同的设备中，用C语言编写的程序可以从一种环境不加改动或稍加改动就能搬到另一种环境中运行。

●●●● 1.4　编写C语言程序 ●●●●

良好的开发环境可以方便程序开发人员编写、调试和运行程序，提高程序开发效率。目前已有许多支持C语言的开发工具，如Visual Studio系列、Qt Creator、CLion、Dev-C++、Code::Blocks等，利用这些开发工具可以快速便捷地搭建C语言开发环境。

Visual Studio 2010学习版开发工具具有兼容性强、支持多重平台开发、支持团队协作开发等特点，是一款功能非常强大的开发工具，是企业项目开发的首选工具。因此，本书选择Visual Studio 2010学习版作为C语言开发工具。

下面将使用Visual Studio 2010学习版编写一个简单的C语言程序，学习如何在Visual Studio 2010学习版建立C语言项目开发C语言应用程序，并了解C语言程序代码生成可执行应用程序的过程。

1. 新建项目

打开Visual Studio 2010 学习版进入主界面。在菜单栏依次选择"文件"→"新建"→"项目"命令，在弹出的"新建项目"窗口中，选择"Win32控制台应用程序"，输入项目"名称"和项目"位置"后，单击"确定"按钮，如图1-1所示。

图 1-1　新建项目窗口

在弹出的"Win32应用程序向导"对话框中，单击"下一步"按钮，如图1-2所示。

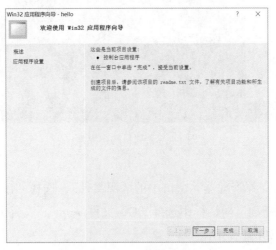

图 1-2　Win32 应用程序向导

在"应用程序设置"对话框中,"应用程序类型"中选择"控制台应用程序"单选按钮,"附加选项"中选择"空项目"复选框,单击"完成"按钮,如图1-3所示。

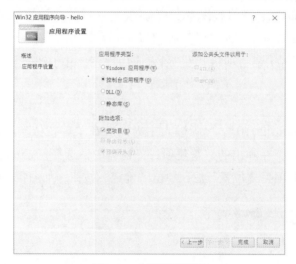

图 1-3　应用程序设置

当前面配置完成之后,进入Visual Studio 2010 学习版新项目的主界面,如图1-4所示。

图 1-4　新项目的主界面

2. 编写代码

右击"解决方案资源管理器"窗口中的"源文件",选择"添加"→"新建项"命令,在弹出的"添加新项"对话框中选择"C++文件(.cpp)",文件名称命名为"hello.c",单击"添加"按钮,如图1-5所示。

新文件命名时需要手动输入文件的后缀名".c",如果没有输入后缀名会默认创建C++语言的".cpp"文件,虽然C++改造自C语言,但是二者并非完全兼容,且在语法上存在一定的差异，因此在输入文件名时不要忘记输入后缀名，以免给C语言学习造成不必要的误解。

图1-5 添加新项

hello.c源文件创建成功后，会自动在主窗口中打开，或者在"解决方案资源管理器"→"源文件"中双击"hello.c"手动打开。在文件空白区域使用C语言编写程序，如图1-6所示。

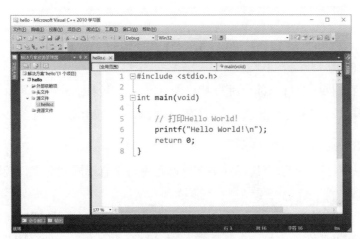

图1-6 编写程序

hello.c源文件中的代码如下：

```c
#include <stdio.h>

int main(void)
{
    //打印Hello World!
    printf("Hello World!\n");
    return 0;
}
```

3. 编译运行

程序编写完成后，此时选择菜单"调试"→"启动调试"命令运行程序，程序运行会一闪而过，因为当前编写的程序比较简单，当程序运行完成后会自动关闭窗口，因此不能看到具体执行结果。

选择菜单"工具"→"自定义"→"命令"，在"菜单栏"中选择"调试"，然后在下方"控件"列表中选择"开始/继续"，右击"添加命令"按钮打开"添加命令"对话框。在"添加命令"对话框左侧"类别"列表中选择"调试"，右侧"命令"列表中选择"开始执行（不调试）"，然后单击"确定"按钮，并关闭"自定义"对话框。此时就在菜单"调试"中增加了"开始执行（不调试）"菜单，通过"开始执行（不调试）"菜单（或【Ctrl+F5】组合键）运行程序，程序结束后会暂停，方便查看程序运行结果。

如果弹出窗口提醒"此项目已过期（T）：… 是否希望生成它？"，则选择"是"按钮重新生成。程序运行截图如图1-7所示。

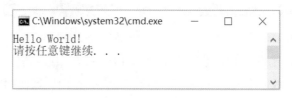

图 1-7　程序运行结果

●●●● 1.5　C语言详解 ●●●●

一段C语言源程序的每一部分都有特定的含义，接下来通过对前面示例代码的解读来介绍C语言编程的一些基本概念，以对C语言编程有一个初步的了解。

1.5.1　代码解读

前面hello.c文件中的C语言代码并不多，但每一行都有不同的含义，接下来对其代码进行解释。

（1）第1行代码中"#include"是一条预处理指令，表示在预处理期间会将后面文件内的内容包含到当前文件内。stdio.h是C语言标准输入/输出头文件，因为C语言本身并不提供输入/输出功能，想要进行数据的输出，则需要通过stdio.h文件中的printf()函数来实现。

（2）第3行代码中定义了一个main()函数，该函数是整个C语言程序的入口，程序从main()函数开始执行，第4~8行代码"{}"中的内容就是main()函数的函数体，也就是main()函数需要具体执行的代码。

（3）第5行是注释，表示从"//"到行末都属于注释内容，帮助开发人员更容易理解代码。

（4）第6行代码调用了格式化输出函数printf()，用于输出字符串"Hello World!\n"，"\n"表示换行操作。

（5）第7行代码中return语句表示返回函数的执行结果，main()函数执行return语句表示main()函数执行结束。

1.5.2　从编辑到运行

开发一个C语言程序需要经过编辑、预处理、编译、汇编、连接、运行几个阶段。

1.　编辑

当需要通过写程序来解决某些问题时，通常会根据实际问题抽象出解决问题的算法，然后再以C语言为工具将抽象的算法编写为具体的C语言源代码，编辑阶段就是编写C语言源代码的过程，最终可以得到编写好的C语言源代码文件（.c文件）。

2.　预处理

预处理阶段主要处理C语言源代码中以"#"开头的预处理指令，在这个阶段预处理器根据代码中的预处理指令对C语言源代码进行相应的预处理操作，如宏替换、条件编译、文件包含等，同时在这个阶段删除代码中所有的注释。

3.　编译

编译阶段主要是对C语言源代码进行词法分析、语法分析、语义分析、优化处理等工作，将预处理文件（.i文件）生成汇编文件（.s文件）。编译的过程同时也是优化的过程，对中间代码进行优化，同时对生成的目标代码进行优化。

4.　汇编

汇编阶段将上一阶段生成的汇编文件（.s文件）翻译成计算机能够执行的二进制指令文件，称为目标文件（Linux系统为.o文件，Windows系统为.obj文件）。

某些书籍在对开发阶段进行划分时，会将预处理、编译、汇编三个阶段统称为编译阶段。

5.　连接

目标文件虽然已经是二进制文件，但依然不能运行，还需将目标文件与代码中用到的库文件进行绑定，这个过程称为连接。连接阶段完成后将生成可执行文件（.exe文件）。

6.　运行

编写程序的目的是能够通过程序来解决某些问题，获得可执行文件（.exe文件）后，运行程序，程序根据编辑阶段设计的执行流程来运行，进而解决实际问题。

1.5.3　关键字

在C语言中，关键字是指在编程语言中事先定义好并赋予了特殊含义的单词，称为关键字。每一个关键字都具有特殊含义，不能被用作变量名、函数名等。

C89（ANSI C）标准共有32个关键字，C99标准时新增5个关键字，具体见表1-1。

表 1-1   C 语言关键字

C89（ANSI C）标准关键字							
auto	break	case	char	const	continue	default	do
double	else	enum	extern	float	for	goto	if
int	long	register	return	short	signed	sizeof	static
struct	switch	typedef	union	unsigned	void	volatile	while
C99 标准新增关键字							
inline	restrict	_Bool	_Complex	_Imaginary			

每个关键字都有特殊的作用，C语言语法的学习其实就是C语言关键字的学习。

1.5.4   main()函数

main()函数又称为主函数，程序的执行从main()函数开始，程序也随着main()函数的结束而结束。C语言程序的源代码中需要main()函数作为程序的入口，因此C语言程序必须要定义main()函数。

市面上很多书籍中main()函数的写法各不相同，之所以会有多种写法是因为在C语言早期只有一种int数据类型，默许了main()函数的返回值为int数据类型，后来早期标准的改进版中规定，不明确返回值类型的默认返回值为int数据类型，也就是main()这种形式等同于int main()，例如布莱恩·凯尼汉和丹尼斯·里奇的经典巨著*The C Programming Language*第二版中使用的就是main()这种形式。

在C99标准中，给出了C语言的两种正确形式：

（1）int main(void)

（2）int main(int argc, char *argv[])

C99标准同时也规定了main()函数中一定要有return语句，如果没有写的话C99标准的编译器也会自动加上return 0。在C语言源代码中使用符合C语言标准的main()函数形式和在main()函数中添加return语句是每个C语言开发者都应该掌握的好习惯。

拓展思考 1.1

为什么现在的 C 语言编译器依然能够兼容 C 语言早期的 main() 函数不标准写法？

1.5.5   注释

注释是对程序代码中某个功能或某行代码的解释说明，目的是提高程序的可读性，让程序的开发人员和维护人员能够更容易理解代码。在编写注释时应力求简单明了、清楚无误，防止产生歧义，此外也不应该在任何标识符、语句中间增加注释，通常会在某行代码的末尾或者另起一行来编写注释。

C语言中的注释只在源文件中有效，在预处理阶段就会被预处理器删掉，因此注释是不会进入编译阶段的。

C语言中共有两种注释方法：

1. 行注释

行注释又称为单行注释，通常用于对程序代码中某一行代码进行解释，用"//"表示，"//"后面的内容将会被注释掉。行注释在C99标准中被引入。

```
// (C99)This is a comment.
```

2. 块注释

块注释又称为多行注释，顾名思义，就是注释的内容可以为多行，以"/*"表示注释的开始，以"*/"表示注释的结束。块注释在C89标准中被引入。

```
/* (C89)This is a comment. */
```

拓展思考1.2

行注释和块注释在使用上有什么区别？

●●●● 习　　题 ●●●●

1.1 单选题

（1）一个 C 语言程序总是从（　　）开始执行。

　　A. 主过程　　　　　B. 主函数　　　　　C. 子程序　　　　　D. 主程序

（2）以下叙述正确的是（　　）。

　　A. 在 C 程序中，main() 函数必须位于程序的最前面

　　B. 在 C 程序的每一行只能写一条语句

　　C. C 语言本身没有输入输出语句

　　D. 在对一个 C 程序进行编译的过程中，可发现注释中的拼写错误

（3）完成 C 源文件编辑后、到生成执行文件，C 语言处理系统必须执行的步骤依次为（　　）。

　　A. 连接、编译　　　B. 编译、连接　　　C. 连接、运行　　　D. 运行

（4）以下叙述正确的是（　　）。

　　A. 一个用 C 语言编写的程序在运行时总是从 main() 函数开始逐条执行语句的

　　B. main() 函数是系统函数

　　C. main() 函数中每行只能出现一条语句

　　D. main() 函数必须出现在所有其他函数之前

1.2 简述 C 语言的产生与发展。

1.3 简述 C 语言的特点。

1.4 简述什么是高级语言，并列举常见的高级语言。

1.5 简述从编辑到运行都有哪些步骤。

1.6 main() 函数的正确形式是什么?

1.7 参照本章示例代码编写 C 程序,使之输出如下信息。

```
I am a student.
I like this program!
```

1.8 通过两种注释方法,对习题 1.7 中程序代码添加注释,注释信息包括程序编写者信息和编写日期信息。

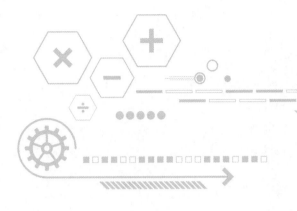

第2章
数据类型

（1）了解算法与程序的关系。

（2）掌握C语言程序有哪些数据类型，知道不同的数据类型之间的区别。

（3）掌握变量的声明方法。

（4）掌握合法标识符。

（5）理解常量与字面值的区别。

（6）掌握不同类型的字面值的写法。

（7）掌握数据的输出与输入方式，重点掌握"转换说明"。

C语言的基本数据类型有整型、实型和字符型，除此之外还有指针、数组、结构体等类型。每种基本数据类型都有可用的取值范围和在该范围内对数据可以进行的操作。本章将介绍这些基本数据类型及对这些数据类型进行的输入、输出等操作。

● ● ● ● 2.1 C语言基本概念 ● ● ● ●

编程的目的是让计算机解决问题，有些问题的求解过程过于复杂和烦琐，使得只能通过编程来借助计算机完成。计算机能够根据程序中的指令为用户工作，实现问题求解的目的。

2.1.1 问题求解与算法

任何一个问题的求解都涉及步骤，这些步骤进一步表示为算法。一个算法是指令的有限序列，是问题求解显示的过程，常被用于进行计算和数据处理。编程就是将算法使用C语言表示出来的过程。因此算法也被认为是程序的灵魂。

例2-1 任意给定一元二次方程$ax^2+bx+c=0$（$a\neq0$），设计一个算法，求解这个方程。

求解上述问题的算法如下：

步骤1：输入a、b、c。

步骤2：计算 $\Delta = b^2 - 4ac$。

步骤3：若 $\Delta \geqslant 0$，则 $x = \dfrac{-b \pm \sqrt{b^2-4ac}}{2a}$，并输出结果；否则输出方程无实根。

算法对应的C语言示例代码如下：

```c
#include <stdio.h>
#include <math.h>                // math.h中定义了sqrt()函数

int main(void)
{
    int a,b,c;
    double delta;
    double x1,x2;
    //步骤1
    printf("输入a、b、c（a不为0，数据以空格隔开）: ");
    scanf("%d %d %d",&a,&b,&c);
    //步骤2
    delta=b*b-4*a*c;
    //步骤3
    if(delta>=0)
    {
        x1=(-b+sqrt(delta))/(2.0*a);
        x2=(-b-sqrt(delta))/(2.0*a);
        printf("方程的根为: %.2f, %.2f。\n", x1, x2);
    }
    else
    {
        printf("方程无实根。\n");
    }

    return 0;
}
```

运行程序结果如下：

```
输入a、b、c（a不为0，数据以空格隔开）: 2 4 1
方程的根为: -0.29, -1.71。
```

例2-2 求1+2+…+n（$n=5$）的算法。

算法一：

步骤1：计算sum = 1 + 2。

步骤2：计算sum = sum + 3。

步骤3：计算sum = sum + 4。

步骤4：计算sum = sum + 5。

步骤5：输出sum的值。

算法二：

步骤1： 取*n*为5。

步骤2： 计算sum = *n*(*n*+1)/2。

步骤3： 输出sum的值。

算法一采用了逐一相加的方法进行计算，而算法二采用了等差数列求和公式的方法进行计算，显然算法二适合*n*值较大的情况。

算法二对应的C语言示例代码如下：

```
#include <stdio.h>

int main(void)
{
    int n=5, sum;
    sum=n*(n+1)/2;
    printf("1+2+…+n（n=5）的值为：%d。\n", sum);

    return 0;
}
```

运行程序结果如下：

```
1+2+…+n（n=5）的值为：15。
```

从上面两个例子不难看出，要借助计算机进行问题求解，首先要对具体问题进行仔细分析，确定解决该问题的具体方法和步骤，即确定算法。有了算法，就可以根据算法中的步骤，按照编程语言的编码规范编写一组计算机能够执行的指令序列（即程序），计算机会按照程序中指定的步骤逐步运行，并最终得到结果。

算法的好坏直接关系程序的运行效率和质量，所以学习编程，一方面应该熟练掌握编程语言的语法规则，另一方面必须加强分析问题的能力，设计出好的算法。

更抽象一些讲，编程可以看作是将算法映射成程序的过程，如图2-1所示。

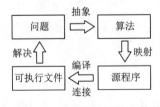

图 2-1　从问题求解到可执行文件的过程

2.1.2　数据类型的概念

本质上讲，算法的执行过程就是不断地处理数据的过程，而数据类型是指数据的内在表现形式。通俗地说，数据在计算中的特征称为数据的类型。数据类型包含两方面的含义：一是该类型数据可以取值的范围；二是在该范围内的数据可以进行的操作。

例如，两个人的年龄可以进行加法、减法运算；两个人的工资也可以进行加法、减法运算。年龄和工资都具有一般数值的特点，在C语言中称为数值型，其中年龄是整数，所以称为整型；工资一般为实数，所以称为实型。又如两个人的姓名是不能进行加法、减法运算的，这种数据具有文字的特征，在C语言中称为字符串。单个字符称为字符型数据。

由于数据存储时所需的容量和能够进行的操作各不相同，为了区分不同的数据，需要将数据划分为不同的数据类型。C语言中主要数据类型如图2-2所示。

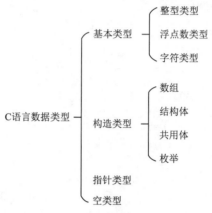

图 2-2 C 语言主要数据类型

C语言中数据类型分为四种：基本类型、构造类型、指针类型、空类型。本章会对C语言中的基本类型进行详细的介绍，其他类型会在后续章节中进行介绍。

注意： 在 C99 标准中新增加了一种基本数据类型——_Bool 类型，称为布尔类型。_Bool 类型的变量用于表示一个布尔值，即逻辑值 true 和 false。在 C 语言中，使用数值 0 表示 false，用数值 1 表示 true。当 _Bool 类型变量赋值为 0 时，其值为 0，即 false；而赋值为非 0 值时，其值为 1，即 true。考虑到与 C++ 的兼容性，C99 标准提供了一个 stdbool.h 头文件，包含这个头文件就可以使用 bool 来代替 _Bool，并把 true 和 false 定义成值为 1 和 0 的符号常量，在程序中包含这个头文件可以写出与 C++ 兼容的代码。因为考虑到并非所有的 C 语言编译器都支持 _Bool 类型，并且可以使用 int 来代替 _Bool 进行开发，故本书仅在此对其进行简略介绍。

2.1.3 标识符

在编程过程中，经常需要定义一些符号来标记一些数据和内容，如变量名、方法名等，这些符号被称为标识符。C语言中标识符的命名需要遵循一些规范，具体如下：

（1）标识符只能由字母、数字和下画线组成。

（2）标识符不能以数字开头。

（3）标识符不能使用关键字。

此外，C语言是区分大小写的，即大小写敏感，因此在定义标识符时要区分大小写。为了能够对C语言标识符的命名规范有更深入的理解，下面列举了一些合法与不合法的标识符。

合法标识符示例如下：

```
goodname
goodName
DATE
_name
class1
printf
```

不合法标识符示例如下：

```
int        // 标识符不能使用关键字
123f       // 标识符不能以数字开头
a.txt      // 标识符只能由字母、数字和下画线组成
name!      // 标识符只能由字母、数字和下画线组成
```

看到上面的例子，不少读者应该会好奇为什么printf也是一个合法的标识符，因为printf并不是C语言的关键字，其仅是stdio.h头文件中的格式化输出函数名，当不需要进行格式化输出时，是可以使用printf作为标识符的。但是在定义标识符时还是尽可能地与C语言各种标准库中的函数名区分开，以免造成不必要麻烦，标识符也尽量做到见名知意，最好采用英文单词而避免使用汉语拼音。

目前C语言中比较常用的标识符命名方式有两种：驼峰命名法和下画线命名法。

驼峰命名法，使用英文单词构成标识符，其中第一个单词全部字母均为小写，其余单词仅首字母大写，其余字母均小写。如果单词过长可使用单词简写形式。如curCnt、devNum、getHost等。

下画线命名法，使用下画线将标识符中的单词连接起来。如current_count、device_number、get_host等。

2.1.4 变量

程序中经常使用一些数值可以发生变化的量，其值可以改变的量称为变量。一个变量应该有一个名字，在内存中占据一定的存储单元，在该存储单元中存放变量的值；同时一个变量也应该有一个对应的数据类型，以确定变量值在存储到存储单元时的存储规则和变量所支持的运算。请注意区分变量名和变量值这两个不同的概念。

C语言中变量定义的基本格式为：

```
类型标识符 变量标识符表列；
```

其中"类型标识符"为基本类型标识符、构造类型、指针类型、空类型或者是用typedef定义的所有有效的类型。"变量标识符表列"是一个或几个由逗号隔开的变量序列，示例代码如下：

```
int age;
int x, y, z;
```

在C语言中，要求对所有用到的变量作强制定义，也就是"先定义，后使用"。这

样凡未被事先定义的，不作为变量名，这就能保证程序中变量名使用的正确。例如，在定义变量名为student，但在后面使用过程中错误的拼写成stadent，在编译时会检查出stadent未经定义，不作为变量名，因此编译器会给出"stadent：未声明的标识符"信息，便于开发者发现错误并进行修改，示例代码如下：

```
int student;
statent = 30;
```

"先定义，后使用"的好处还包括每一个变量被指定为一确定类型，在编译时就能为其分配相应的存储单元，此外还便于在编译时根据定义变量时指定的类型检查该变量所进行的运算是否合法。

在C语言中如果使用一个变量的值之前，必须保证变量是有值的，也就是需要提前给变量赋值，当这个赋值的过程发生在变量定义时，称为变量的初始化，例如，在定义变量age的语句中赋值为18，称为对age进行初始化，示例代码如下：

```
int age = 18;
printf("I'm %d years old!\n",age);
```

如果上面代码中再定义变量age时没有对其进行初始化，在后面的代码中也没有对其进行赋值，而是直接访问其值，此时age的值是随机值，即每一次运行输出age的值都不相同，示例代码如下：

```
int age;
printf("I'm %d years old!\n",age);
```

注意：在 Visual Studio 系列开发环境中，Debug 模式下会报"Debug Error！"，Release 模式下能够看到随机值效果。

因为目前本书中示例代码中的变量都是定义在main()函数中使用的，是动态生存周期的局部变量，其在内存中的区域为栈区，而栈区中是通过移动栈指针给程序提供一个内存空间与局部变量进行绑定，栈区的内存是反复使用的，并且在绑定和释放时均不会进行清零操作，故如果局部变量的值没有进行初始化和赋值，其值为对应内存中上次使用时所保存的值。

此外，C89标准中规定所有局部变量必须定义在代码块的开头，代码块中变量定义语句前不能有其他执行语句，这条限制在C99标准中被取消。但是目前仍有部分编译器并没有取消该条限制，考虑到尽可能让本书中代码在各种C语言环境下都能直接运行，故书中的代码里所有变量仍放在代码块最前方定义，读者可以根据自己开发环境决定是否需要在代码块最前方定义变量。

2.1.5 const变量

实际开发中，在程序中定义某些变量的值可能在定义初始化后就不需要修改，例如圆周率3.14，这些变量只需要被引用，而不应去修改它的值。此时可以通过const关键字对其进行修饰，防止变量在定义之后被修改。const用法的示例代码如下：

```
const int a = 10;        // 使用const修饰变量a
a = 20;                  // 此处会报错，a的值不允许被修改
```

被const修饰的变量表示该变量不能被修改，其目的是通过const在语法层面限制其修饰的变量被误修改，当被const修饰的变量被修改时编译器会给出错误提示，从而避免误操作而产生的问题。虽然const修饰的变量在语法层面限定其不能被再次赋值，但是通过指针依然可以达到修改const修饰变量值的目的，const的作用实际上更多的是开发人员的自我警示作用。

当一个变量被const修饰后，必须要进行初始化，因为除了在定义时对其进行初始化，没有其他合法途径进行赋值。

●●●● 2.2 基本数据类型 ●●●●

C语言中的基本数据类型包括整型类型、字符类型、浮点数类型，本节将对各种基本数据类型进行详细讲解。

2.2.1 整型类型

整型即保存整数的类型，C语言中根据有无符号，即是否包含负整数，分为有符号（signed）和无符号（unsigned）两大类。有符号整型和无符号整型的最大区别在于，有符号整型允许保存负整数，而无符号整型允许保存的最小值为0。每类中根据数值范围又分为短整型（short）、整型（int）、长整型（long）、长长整型（long long，C99标准新增），如图2-3所示。

图 2-3　整型类型

图中括号中为类型的完整写法，不过在实际中通常采用简写写法，如short int在实际中简写为short。此外默认情况下整型都是有符号的，因此signed修饰符通常会进行省略，如signed int简写为int。

每种整型所需的存储空间和所能表示的数据范围各不相同，见表2-1，表中给出了主流操作系统中，各整型数据类型所占用的字节数及其数值范围。

表 2-1　整型占用空间及数值范围

数据类型	占用空间	数值范围
short	2 字节（16 位）	$-32768 \sim 32767$（$-2^{15} \sim 2^{15}-1$）
int	4 字节（32 位）	$-2147483648 \sim 2147483647$（$-2^{31} \sim 2^{31}-1$）
long	4 字节（32 位）	$-2147483648 \sim 2147483647$（$-2^{31} \sim 2^{31}-1$）
long long	8 字节（64 位）	$-9223372036854775808 \sim 9223372036854775807$（$-2^{63} \sim 2^{63}-1$）
unsigned short	2 字节（16 位）	$0 \sim 65535$（$0 \sim 2^{16}-1$）
unsigned int	4 字节（32 位）	$0 \sim 4294967295$（$0 \sim 2^{32}-1$）
unsigned long	4 字节（32 位）	$0 \sim 4294967295$（$0 \sim 2^{32}-1$）
unsigned long long	8 字节（64 位）	$0 \sim 18446744073709551615$（$0 \sim 2^{64}-1$）

　　整型类型的存储空间决定其存储的数值范围，C语言的标准中并没有像其他高级编程语言一样严格地给出每一种整型数据类型所占字节数，例如在16位操作系统中int类型占用2字节，而32位和64位操作系统中int类型占用4字节。

　　虽然C语言标准中没有明确规定各整型类型的数值范围，但是却要求short类型数值范围不能大于int类型，int类型数值范围不能大于long类型，long类型数值范围不能大于long long类型。在目前主流操作系统中，int类型和long类型所表示的数值范围是相同的，因此当某整数数值过大而超过int类型数值范围时，需要将数据类型直接提升到long long类型而非long类型。

　　为了获取某一数据类型在当前环境下所占内存的字节数，C语言提供了sizeof运算符，使用sizeof运算符可以方便地获取到数据或数据类型在内存中所占的字节数，获取各整型类型的字节数，示例代码如下：

```
printf("short : %d\n", sizeof(short));
printf("int : %d\n", sizeof(int));
printf("long : %d\n", sizeof(long));
printf("long long : %d\n", sizeof(long long));
printf("unsigned short : %d\n", sizeof(unsigned short));
printf("unsigned int : %d\n", sizeof(unsigned int));
printf("unsigned long : %d\n", sizeof(unsigned long));
printf("unsigned long long: %d\n",sizeof(unsigned long long));
```

　　各整型类型所占字节数决定了其数值范围，但是有符号整型和无符号整型因为涉及负整数的存储，所以其存储规则不同。

　　C语言提供了limits.h，专门用于检测整型数据类型的表达值范围。

1. 无符号整型的存储

　　无符号整型因为存储的数值均为非负整数，不需要考虑符号问题，因此在存储时直接存储其数值的二进制形式，空余高位写0。如unsigned short x，当x存储100时，先将其转换为二进制1100100，因为不足16位（2字节），所以高位补0后存入内存，如图2-4所示。

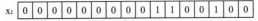

unsigned short x = 100;

x: | 0 | 0 | 0 | 0 | 0 | 0 | 0 | 0 | 0 | 0 | 1 | 1 | 0 | 0 | 1 | 0 | 0 |

图 2-4 无符号短整型 x 的内存存储

通过unsigned short类型举例，unsigned short类型内存为16位，那么所能存储的最小值为0000 0000 0000 0000，最大值为1111 1111 1111 1111，所以unsigned short类型的取值范围为$0 \sim 2^{16}-1$。依此类推，其他无符号整型的数值范围在确定存储字节数之后就可以推出。

2. 有符号整型的存储

有符号整型在存储时需要考虑符号的存储，因此规定有符号整型类型内存的最高位作为符号位，负整数符号位为1，非负整数符号位为0。此外为了方便计算机设计，能够使用加法器来完成减法操作，规定有符号整型在存储时使用补码形式进行存储。

对于负整数而言需要经过如下步骤得到补码：

（1）求原码，原码即数值绝对值的二进制，符号位为1，空余高位补0；

（2）求反码，将原码除符号位外的所有位取反，即1变0，0变1，符号位为1不变；

（3）求补码，将反码加1即可得到补码。

对于非负整数而言，补码、反码与原码相同。

例如short类型x、y，x值为100，y值为–100。x的符号位为0，补码等同于原码；y的符号位为1，原码为1000 0000 0110 0100，反码为1111 1111 1001 1011，补码为1111 1111 1001 1100，如图2-5所示。

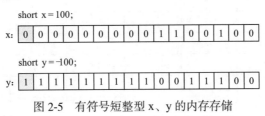

short x = 100;

x: | 0 | 0 | 0 | 0 | 0 | 0 | 0 | 0 | 0 | 0 | 1 | 1 | 0 | 0 | 1 | 0 | 0 |

short y = –100;

y: | 1 | 1 | 1 | 1 | 1 | 1 | 1 | 1 | 1 | 1 | 0 | 0 | 1 | 1 | 1 | 0 | 0 |

图 2-5 有符号短整型 x、y 的内存存储

拓展思考2.1

现有 short 类型 x、y，x 值为 100，y 值为 –64，分别求取 x、y 的补码，试分析 x+y 操作时x、y 补码相加后的结果，思考操作系统如何通过补码完成加法器实现减法操作的。

2.2.2 字符类型

字符类型即存储单一字符的类型，C语言中字符类型的关键字为char，即使用char定义字符变量，每个字符变量都会占用1字节。

例如，定义char类型的变量ch，并赋值为字符'A'，示例代码如下：

```
char ch = 'A';
```

对于变量ch，并不会将字符'A'本身存入ch的内存中，而是将字符'A'的ASCII码65存入ch内存中。也就是说，char类型的数据在内存中保存的是字符对应的ASCII码，见表2-2。

可以认为char类型是内存为1字节的整型类型，因为char类型本质上存储的是数字，但是C语言标准并没有指定其为signed或unsigned，而是交给编译器实现来指定。

表 2-2　ASCII 码表

ASCII 码	控制字符	ASCII 码	字符符号	ASCII 码	字符符号	ASCII 码	字符符号
0	NUL(空字符)	32	空格	64	@	96	`
1	SOH(标题开始)	33	!	65	A	97	a
2	STX(正文开始)	34	"	66	B	98	b
3	ETX(正文结束)	35	#	67	C	99	c
4	EOT(传输结束)	36	$	68	D	100	d
5	ENQ(请求)	37	%	69	E	101	e
6	ACK(收到通知)	38	&	70	F	102	f
7	BEL(响铃)	39	'	71	G	103	g
8	BS(退格)	40	(	72	H	104	h
9	HT(水平制表符)	41	)	73	I	105	i
10	LF(换行键)	42	*	74	J	106	j
11	VT(垂直制表符)	43	+	75	K	107	k
12	FF(换页键)	44	,	76	L	108	l
13	CR(回车键)	45	–	77	M	109	m
14	SO(不用切换)	46	.	78	N	110	n
15	SI(启用切换)	47	/	79	O	111	o
16	DLE(数据链路转义)	48	0	80	P	112	p
17	DC1(设备控制 1)	49	1	81	Q	113	q
18	DC2(设备控制 2)	50	2	82	R	114	r
19	DC3(设备控制 3)	51	3	83	S	115	s
20	DC4(设备控制 4)	52	4	84	T	116	t
21	NAK(拒绝接收)	53	5	85	U	117	u
22	SYN(同步空闲)	54	6	86	V	118	v
23	ETB(结束传输块)	55	7	87	W	119	w
24	CAN(取消)	56	8	88	X	120	x
25	EM(媒介结束)	57	9	89	Y	121	y
26	SUB(代替)	58	:	90	Z	122	z
27	ESC(换码 (溢出))	59	;	91	[	123	{
28	FS(文件分隔符)	60	<	92	\	124		
29	GS(分组符)	61	=	93	]	125	}
30	RS(记录分隔符)	62	>	94	^	126	~
31	US(单元分隔符)	63	?	95	_	127	DEL(删除)

注：ASCII （American Standard Code for Information Interchange）美国信息交换标准代码。

拓展思考2.2

观察 ASCII 码表，思考如果给定一个小写字母，如何将其转换为对应大写字母。

2.2.3　浮点数类型

浮点数类型又称为实型，是指包含小数部分的数据类型。C语言中将浮点数类型分为单精度浮点数（float）、双精度浮点数（double）和长双精度浮点数（long double），如图2-6所示。

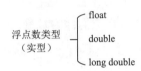

浮点数类型
（实型）
- float
- double
- long double

图 2-6　浮点数类型（实型）

对于三种浮点数类型所占内存空间大小和数值范围见表2-3。在数值范围中，E表示以10为底的指数，E后面的+号和–号代表正指数和负指数，例如1.4E–45表示1.4×10^{-45}。

表 2-3　浮点数类型占用空间及数值范围

数据类型	占用空间	数值范围
float	4 字节（32 位）	1.4E–45 ~ 3.4E+38, –1.4E–45 ~ –3.4E+38
double	8 字节（64 位）	4.9E–324 ~ 1.7E+308, –4.9E–324 ~ –1.7E+308
long double	8 字节（64 位）	4.9E–324 ~ 1.7E+308, –4.9E–324 ~ –1.7E+308

对于浮点数类型，C语言标准依然没有明确规定各种类型的数值范围，但是却要求float类型数值范围不能大于double类型，double类型数值范围不能大于long double类型。

为了更好地理解浮点数类型的存储方式，下面通过一个示例简单讲解，详细的浮点数类型存储规则会在"计算机组成原理"课程中IEEE754标准内容中进行学习。

例如，float类型内存空间为32位（4字节），其中最高1位为符号位，符号位后面8位为指数位，剩余23位为尾数位。当存储数据为22.625时，首先将其二进制$(10110.101)_b$转换为二进制科学计数法形式$(1.0110101)_b \times 2^4$，此时符号位为0，指数为4+127=131=$(1000\ 0011)_b$，尾数为0110 1010 0000 0000 0000 000（后面空余位补0），如图2-7所示。

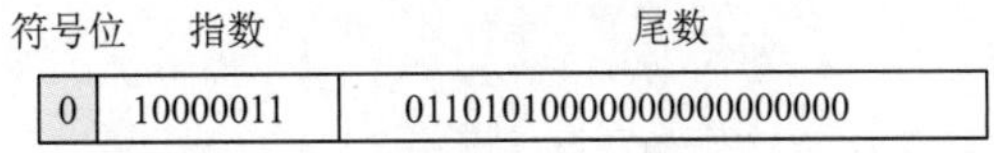

符号位　　指数　　　　　　尾数

0	10000011	01101010000000000000000

图 2-7　浮点数类型内存存储

由于浮点数类型所占内存空间有限，因此只能存储有限个数的有效数字，有效位以外的数字将不再精确。float类型只能提供6~7位有效位数，而double类型能够提供15~16位有效位数。

根据前面关于浮点数类型的存储方法，动手模拟使用 float 类型存储 1.2 时的存储过程，思考是否能够精确的存储每一位，并思考这一现象是否为普遍现象。

●●●● 2.3 常　　量 ●●●●

常量又称常数、字面值，它是指在程序运行过程中其值不可改变的量，如100、3.14、'A'等，这些值不可改变，通常将它们称为常量。

C语言中常量可分为整型常量、浮点数常量、字符常量、字符串常量。

1. 整型常量

整型常量可以表示为十进制形式、八进制形式、十六进制形式三种。

（1）十进制形式，如123、–456、0。

（2）八进制形式，如0123、011。

（3）十六进制形式，如0x12、0X1F。

整型常量的默认类型为int类型，如需更改整型常量的类型，可以通过添加后缀的形式更改其类型。后缀包括：u或U表示unsigned，l或L表示long。

如123L（长整型常量）、123u（无符号整型常量）、123ull（无符号长长整型常量）。

2. 浮点数常量

浮点数常量也称实型常量，C语言中浮点数常量可以表示为十进制小数形式和科学计数法形式。

（1）十进制小数形式，如0.12、3.14、.123（省略小数点前0）。

（2）科学计数法形式，如3E3、1e–6。

浮点数常量的默认类型为double类型，可以通过增加后缀的方式修改浮点数常量的类型。后缀包括：f或F表示float，l或L表示long double。

如1.3f（单精度浮点数类型）、1.3L（长双精度浮点数类型）。

3. 字符常量

C语言中用单引号（''）将字符括起来表示字符常量，可以表示为普通字符形式和转义字符形式。

普通字符形式，如'a'、'B'、'3'、'#'。

转义字符形式是通过在单引号中增加反斜杠（\）表示转义的，常见转义字符见表2-4。

表2-4　常见转义字符

转义字符	含　　义	转义字符	含　　义
\n	换行	\t	水平制表位

续表

转义字符	含　义	转义字符	含　义
\b	退格	\r	回车
\\	反斜杠 \	\a	响铃
\'	单引号 '	\"	双引号 "
\ddd	ddd 3 位 8 进制数对应 ASCII 码所表示字符	\xhh	hh 2 位 16 进制数对应 ASCII 码所表示字符

4. 字符串常量

字符串常量是用双引号（" "）括起来的字符序列，任何合法的字符都允许出现在字符串常量中，如"hello"、"12345"等。编译器会在字符串常量末尾加上一个'\0'（结束符）表示字符串的末尾，而字符串长度通常是指'\0'之前字符的个数。

例如："4\xabab"实际包含的字符包括'4'、'\xab'、'a'、'b'、'\0'，共5个字符，字符串长度为4。

拓展思考 2.4

为什么要在字符串末尾添加 '\0'（结束符）？

2.4　数据的输入与输出

在实际编程中经常会用到输入/输出功能，C语言中输入/输出需要通过stdio.h中相关函数来实现，其中scanf()函数和printf()函数就是一对常用的格式化输入/输出函数。

2.4.1　printf()函数

printf()函数为格式化输出函数，该函数最后一个字符为format的简写，功能为按照指定格式将数据输出。

printf()函数的调用格式为：

```
printf("格式字符串", [输出列表]);
```

其中格式字符串中包含格式转换说明符，printf()函数会将输出列表中的数据按照格式字符串中格式转换说明符的要求进行数据的输出。例如，%d表示按照十进制整数格式输出，%.2f表示按照小数点后保留两位数字的浮点数类型格式输出，示例代码如下：

```
int x=10;
double y=3.123;
printf("x=%d, y=%.2f\n",x,y);
```

运行程序结果如下：

```
x=10, y=3.12
```

格式转换说明符可以根据实际需求进行配置，格式转换说明符格式如下：

%[标志字符][最小宽度说明符][精度说明符][长度修正说明符]<转换操作符>

格式转换说明符以%开始，依次出现下面各元素：

（1）转换操作符（必选）。包括：a、A、c、d、e、E、f、g、G、i、n、o、p、s、u、x、X、%。

（2）0个或多个标志字符（可选）。包括：−、+、0、#或空格。

（3）最小宽度说明符（可选）。用十进制整型字面值或*表示。

（4）精度说明符（可选）。小数点后加一个十进制整型字面值表示。

（5）长度修正说明符（可选）。包括:ll、l、L、h、hh、j、x、t。

下面分别介绍格式转换说明符各组成部分。

1. 转换操作符

转换操作符控制输出数据的类型，如整型、字符型、浮点数类型等。常见转换操作符见表2-5。

表 2-5 printf() 中常用转换操作符

数据类型	转换操作符	含 义
int	d、i	对有符号整数进行格式转换
unsigned int	u	对无符号整数进行格式转换
	o	对无符号整数按八进制输出
	x、X	对无符号整数按十六进制输出
float/double	f	对浮点数按十进制计数法输出
	e、E	对浮点数按科学计数法输出
	g、G	对浮点数按十进制计数法或科学计数法输出
	a、A	浮点数、十六进制数字和p−记数法（C99 标准）
char	c	输出一个字符
字符串	s	输出一个字符串
指针	p	输出地址
其他	%	输出一个百分号
	n	将输出流里当前的字符个数输出到一个整数里，要求操作数为有符号数的地址（了解）

在格式转换说明符中使用不同的转换操作符，可以输出不同格式的数据，示例代码如下：

```
printf("%c\n", 'A');
printf("%d\n", 100);
printf("%f\n", 3.14);
printf("%s\n", "hello");
```

当待输出数据的格式与转换操作符不一致时，无法完成数据的正确输出。

2. 标志字符

标志字符用于规范数据的输出格式，如左对齐、正负号等，具体见表2-6。

表 2-6 printf() 中的标志字符

标志字符	含　义
−	左对齐，默认右对齐
+	对负整数前面加上"−"，对非负整数前面加上"+"
0	右对齐时用 0 补充前面空缺
空格	对负整数前面加上"−"，对非负整数前面加上空格
#	对 %o 格式，前面加上前缀 0
	对 %x 格式，前面加上前缀 0x
	对 %X 格式，前面加上前缀 0X

3. 最小宽度说明符

最小宽度说明符用于指定显示宽度，使用十进制正整数常量表示。当数据的字符数小于最小宽度说明符时，则使用填充字符填充空余字符位置；当数据的字符数大于等于最小宽度说明符时，最小宽度说明符失效。

最小宽度说明符的示例代码如下：

```
printf("%d\n", 123);
printf("%5d\n", 123);
printf("%05d\n", 123);
```

运行程序结果如下：

```
123
  123
00123
```

4. 精度说明符

精度说明符以字符"."开始，后面跟十进制正整数常量。主要用于输出浮点数类型数据时，控制小数点后面的位数；当作用于整型数据时，表示按照一定宽度输出数据，左侧空缺填充0。

精度说明符的示例代码如下：

```
printf("%.2f\n", 3.14159);
printf("%.6f\n", 3.14);
printf("%.6d\n", 123);
```

运行程序结果如下：

```
3.14
3.140000
000123
```

5. 长度修正说明符

如果待输出的数据格式没有与之匹配的转换操作符，则可以通过长度修正说明符对转换操作符进行修正，长度修正说明符包括h和l，具体含义见表2-7。

表 2-7　printf() 中的长度修正说明符

长度修正说明符	含　　义
h	参数被解释为短整型或无符号短整型（仅适用于整数说明符：i、d、o、u、x 和 X）
l	参数被解释为长整型或无符号长整型，适用于整数说明符（i、d、o、u、x 和 X）及说明符 c（表示一个宽字符）和 s（表示宽字符字符串）

例如输出short类型数据时可以使用%hd，unsigned long long类型可以使用%llu，long double类型可以使用%lf。

2.4.2　scanf()函数

scanf()函数为格式化输入函数，用于按照指定格式从输入数据中灵活接收所需数据。scanf()函数仅使用转换操作符，如%d、%c、%f等，并不会使用标志字符、最小宽度说明符、精度说明符等格式控制符。

scanf()函数的转换操作符几乎与printf()函数一致，仅对于double类型时，printf()函数用到的转换操作符为%f，scanf()函数用到的转换操作符为%lf。

scanf()函数的调用格式为：

```
scanf("格式字符串", [参数列表]);
```

其中格式字符串的含义与printf()函数相同，参数列表中的每一个参数要求必须为变量地址。此外，scanf()函数的返回值表示成功读取到内存中的数据个数，用来判断是否所有数据都读取成功。

scanf()函数的示例代码如下：

```
int a;
char b;
double c;
scanf("%d", &a);
scanf("%c", &b);
scanf("%f", &c);
```

通过示例代码发现，在调用scanf()函数时，变量a、b、c前面都加了一个"&"符号，这是C语言中的取地址符，表示获取后面变量的内存地址，scanf()函数通过变量a、b、c的地址，将读取到的数据保存到地址对应的a、b、c的内存空间中。

与printf()函数类似，当格式转换说明符中的转换操作符与传入地址对应的变量类型不一致时，scanf()函数无法完成数据的正确读取。

在后面的章节中，会经常用到printf()函数完成数据的输出和scanf()函数完成数据的读取，对于各种转换操作符和标志字符、最小宽度说明符、精度说明符等格式控制符并不需要每一个都深入掌握，只需掌握常见数据格式的输入输出即可，遇到某种输出格式时，可以通过翻阅书籍、查阅资料来完成。

2.4.3 putchar()函数与getchar()函数

putchar()函数为字符输出函数，getchar()函数为字符输入函数，分别用于单个字符的输出与输入，示例程序如下：

```
char c;
c=getchar();      // 读取一个字符
putchar(c);       // 输出一个字符
```

putchar()函数与getchar()函数的使用较为简单，在此不做过多介绍。

● ● ● ● 习　　题 ● ● ● ●

2.1 单选题

（1）不属于字符型常量的是（　　）。

   A. 'A'　　　　　　B. "B"　　　　　　C. '\N'　　　　　D. '\x72'

（2）属于整型常量的是（　　）。

   A. '12'　　　　　　B. 12.0　　　　　C. −12　　　　　D. 10E10

（3）属于实型常量的是（　　）。

   A. 'A'　　　　　　B. "120"　　　　　C. 120　　　　　D. 1E-1

（4）"\72" 中字符个数为（　　）。

   A. 4　　　　　　　B. 3　　　　　　C. 2　　　　　　D. 1

（5）char 型常量在内存中存放的是（　　）。

   A. ASCII 值　　　　　　　　　　B. BCD 代码值

   C. 内码值　　　　　　　　　　　D. 十进制代码值

（6）已知字符 'A' 的 ASCII 值是 65，字符变量 c1 的值是 'A'、c2 的值是 'D'。执行语句 "printf("%d,%d", c1, c2-2);" 后，输出结果是（　　）。

   A. A,B　　　　　　B. A,68　　　　　C. 65,68　　　　D. 65,66

（7）字符串 "\\\"ABC\"\\" 的长度是（　　）。

   A. 11　　　　　　　B. 7　　　　　　C. 5　　　　　　D. 3

（8）设有整型变量i，其值为020，整型变量j，其值为20，执行语句 "printf("%d,%d\n", i, j);" 后，输出结果是（　　）。

   A. 20,20　　　　　B. 20,16　　　　　C. 16,16　　　　D. 16,20

2.2 填空题

（1）C 语言的基本数据类型分为_____类型、_____类型和_____类型。

（2）C 语言的整型可分为_____型、_____型、_____型、_____型、_____型、_____型、_____型和_____型。

（3）C 语言的实型可分为_____型、_____型和_____型。

（4）C 语言的常量可分为_____常量、_____常量、_____常量和_____常量。

（5）int 类型的转换操作符为_____，char 类型的转换操作符为_____，float 类型的转换操作符为_____。

（6）unsigned short 类型的转换操作符为_____，unsigned int 类型的转换操作符为_____，long long 类型的转换操作符为_____。

（7）printf() 函数中 double 类型的转换操作符为_____，scanf() 函数中 double 类型的转换操作符为_____。

2.3 字符常量与字符串常量有什么区别？

2.4 写出下列程序的运行结果

```c
int main(void)
{
    char c1, c2, c3, c4, c5;
    c1 = 'a';
    c2 = 'b';
    c3 = 'c';
    c4 = '\101';
    c5 = '\116';
    printf("a%cb%c\nc%c\nabc\n", c1, c2, c3);
    printf("%c %c", c4, c5);
    return 0;
}
```

2.5 编写 C 语言程序，实现输入任意小写字母，输出其对应大写字母。

2.6 编写 C 语言程序，用 getchar() 函数读入两个字符给 c1、c2，然后分别用 putchar() 函数和 printf() 函数输出这两个字符。并思考以下问题：

（1）变量 c1、c2 应定义为字符型或整型，或二者皆可。

（2）输出 c1、c2 字符的 ASCII 码，应使用 putchar() 函数还是 printf() 函数。

（3）整型变量与字符变量是否在任何情况下都可以互相代替，如："char c1, c2;" 与 "int c1, c2;" 是否无条件的等价。

第3章
运算符和表达式

学习目标

（1）掌握运算符的种类，重点掌握运算符优先级。

（2）熟悉各种运算符的功能及相关表达式的求值方法。

（3）了解sizeof运算符。

（4）了解表达式的作用。

（5）掌握显式类型转换的方法，了解隐式转换。

（6）掌握溢出的计算方法，了解在什么情况下可能会造成溢出。

C语言的运算符范围很宽，把除了控制语句和输入输出以外的几乎所有的基本操作都作为运算符处理，例如将赋值符"="作为赋值运算符，方括号作为下标运算符等。

3.1 运算符与表达式

在数学中就已经学习了运算符号和算式的概念。如："10+24"被称为算式，"+"被称为运算符号。C语言中与算式相类似的概念是表达式，与运算符号相类似的概念是运算符，对于"10+24"而言，"10"和"24"被称为操作数，"+"被称为运算符。C语言的运算符种类非常多，对于不同的运算符需要掌握它对应的运算规则、优先级、结合性。此外，C语言根据运算符运算时所需操作数个数分为：一元运算符、二元运算符和三元运算符（又称为单目运算符、双目运算符、三目运算符），其中一、二、三表示运算符所需操作数个数。

运算符是用来操作数据的，因此，这些数据称为操作数。使用运算符将操作数连接而成的符合C语言要求的式子称为表达式。表达式主要是由运算符和操作数组成，任何一个表达式都有一个值。

运算符的优先级指当表达式有多个运算符时，优先级高的运算符先执行，优先级低的运算符后执行，例如：3+2*4，表达式中"*"的优先级高于"+"，所以先进行乘法运算，后进行加法运算。

运算符的结合性指相同优先级的运算符在同一个表达式中，且没有括号的时候，运算符和操作数的结合方式，有"左到右"和"右到左"两种方式。例如：3+2–1，表达式中+与–的优先级相同，根据其结合性"左到右"，所以先执行3+2，再执行5–1。

C语言中常见运算符及含义见表3-1。

表 3-1 C 语言运算符及含义

优先级	运算符	名称或含义	说　　明	结合性
1（最高）	[]	数组下标	数组名 [常量表达式]	左到右
	()	圆括号	（表达式）/ 函数名 (形参表)	
	.	成员选择（对象）	对象 . 成员名	
	->	成员选择（指针）	对象指针 -> 成员名	
	++	后缀自增运算符	变量名 ++	
	--	后缀自减运算符	变量名 --	
2	+	加号运算符	+ 表达式	右到左
	–	负号运算符	– 表达式	
	(类型)	强制类型转换	(数据类型) 表达式	
	++	前置自增运算符	++ 变量名	
	--	前置自减运算符	-- 变量名	
	*	取值运算符	* 指针变量	
	&	取地址运算符	& 变量名	
	!	逻辑非运算符	! 表达式	
	~	按位取反运算符	~ 表达式	
	sizeof	长度运算符	sizeof(表达式)	
3	/	除	表达式 / 表达式	左到右
	*	乘	表达式 * 表达式	
	%	余数（取模）	整型表达式 / 整型表达式	
4	+	加	表达式 + 表达式	左到右
	–	减	表达式 – 表达式	
5	<<	左移	变量 << 表达式	左到右
	>>	右移	变量 >> 表达式	
6	>	大于	表达式 > 表达式	左到右
	>=	大于等于	表达式 >= 表达式	
	<	小于	表达式 < 表达式	
	<=	小于等于	表达式 <= 表达式	
7	==	等于	表达式 == 表达式	左到右
	!=	不等于	表达式 != 表达式	

续表

优先级	运算符	名称或含义	说　　明	结合性
8	&	按位与	表达式 & 表达式	左到右
9	^	按位异或	表达式 ^ 表达式	左到右
10	|	按位或	表达式 | 表达式	左到右
11	&&	逻辑与	表达式 && 表达式	左到右
12	||	逻辑或	表达式 || 表达式	左到右
13	?:	条件运算符	表达式 1? 表达式 2: 表达式 3	右到左
14	=	赋值运算符	变量 = 表达式	右到左
	/=	除后赋值	变量 /= 表达式	
	*=	乘后赋值	变量 *= 表达式	
	%=	取模后赋值	变量 %= 表达式	
	+=	加后赋值	变量 += 表达式	
	−=	减后赋值	变量 −= 表达式	
	<<=	左移后赋值	变量 <<= 表达式	
	>>=	右移后赋值	变量 >>= 表达式	
	&=	按位与后赋值	变量 &= 表达式	
	^=	按位异或后赋值	变量 ^= 表达式	
	|=	按位或后赋值	变量 |= 表达式	
15(最低)	,	逗号运算符	表达式 , 表达式 ,…	左到右

　　对于表格中运算符的优先级，大体可归纳为图3-1中所示优先级从高到低关系。在对一些比较复杂的表达式进行运算时，要明确表达式中所有运算符参与运算的先后顺序。当然也没有必要去刻意记忆所有运算符的优先级，对于不清楚优先级的运算符，可以使用( )来控制表达式的运算顺序。

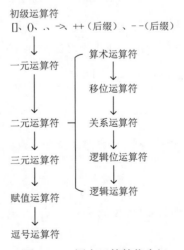

图 3-1　C 语言运算符优先级

•••• 3.2　算术运算符 ••••

C语言中算术运算符就是用来处理四则运算的相关符号，是最常用的运算符，接下来对各种算术运算符进行介绍。

3.2.1　正号、负号运算符

算术运算符中+、-（正号、负号）表示数值的符号，即正数或负数，属于一元运算符。+、-（正号、负号）的使用方法，示例代码如下：

```
int n = 10;
printf("%d\n", n);      // 结果为10
printf("%d\n", +n);     // 结果为10
printf("%d\n", -n);     // 结果为-10
```

3.2.2　基本算术运算符

算术运算符中+（加）、-（减）、*（乘）、/（除）、%（取模，即算术中的取余数）运算符的运算规则与数学中的运算规则相同，但是在使用时依然有几点需要注意。

若在进行除法运算时，与数学中一样，"/"运算符的右操作数不能为0。若左右操作数类型均为整型，则得到结果也是整型，即进行整除运算；若左右某一操作数为浮点数类型，则结果为浮点数类型，其中涉及隐式类型转换，在本章类型转换一节进行介绍。

C语言中的整除的取整规则为向0取整，即-10/3的结果为-3，而在Python语言中-10//3的结果为-4（"//"为Python中的整除运算符），原因是其取整规则为向负无穷取整，示例代码如下：

```
printf("%d\n", 10/3);      // 结果为3
printf("%d\n", 10/-3);     // 结果为-3
printf("%d\n", -10/3);     // 结果为-3
printf("%d\n", -10/-3);    // 结果为3
printf("%d\n", 10/3*3);    // 结果为9
```

C语言中%运算符会进行模运算，即取余运算，要求左右操作数必须为整型，且右操作数不能为0。因为%运算符的实现是建立在整除基础上的，所以对于不同语言因为取整规则的不同而造成负整数模运算结果的不同。

拓展思考3.1

通过下面C语言%运算符示例代码，思考对于负整数模运算，C语言是如何求取结果的。

```
printf("%d\n", 10%3);      // 结果为1
printf("%d\n", 10%-3);     // 结果为1
printf("%d\n", -10%3);     // 结果为-1
printf("%d\n", -10%-3);    // 结果为-1
```

3.2.3 自增、自减运算符

++（自增）与--（自减）运算符的区别在于一个进行加法，一个进行减法，接下来通过++运算符进行介绍说明。

++运算符被称作自增运算符，是一元运算符，操作数必须是可被修改的变量，其表现形式有两种：

（1）++操作数（前缀++）。

（2）操作数++（后缀++）。

无论哪种情况，都会使操作数自身的值加1。而前缀++和后缀++的区别在于，前缀++为先修改操作数的值让其加1，然后再取操作数的值作为整个前缀++表达式的值；后缀++为先取操作数的值作为后缀++表达式的值，然后再修改操作数的值让其加1，示例代码如下：

```
int a=1, b=1;
printf("%d\n", ++a);        // 结果为2
printf("%d\n", a);          // 结果为2
printf("%d\n", b++);        // 结果为1
printf("%d\n", b);          // 结果为2
```

对于自增运算符许多读者可能看过类似于下面的代码：

```
int a=1;
printf("%d\n", ++a + ++a);
```

对于这种在一个表达式中多次修改一个变量的值，这种行为在C语言标准中属于未定义的行为，没有给出准确的执行过程说明，其依赖编译器的实现，过多讨论这种代码是没有意义的。感兴趣的读者可以查阅C语言中"序列点（顺序点）"和"副作用"的相关知识进行了解。对于开发者只要保证所写的代码在C语言标准中有明确的定义，不存在未定义行为即可，也就是说只要保证不在一个表达式语句中对同一个变量进行自增、自减、赋值操作即可。

●●●● 3.3 关系运算符 ●●●●

编写程序时经常会遇到比较两个数据之间的大小关系，C语言中数据之间大小关系通过关系运算符进行表示。关系运算符包括>（大于）、<（小于）、>=（大于等于）、<=（小于等于）、==（相等于）、!=（不等于），均为二元运算符。

关系表达式的结果只有1和0两种结果，1表示关系成立，0表示关系不成立，示例代码如下：

```
int a=1, b=1;
printf("%d\n", a>b);        // 结果为0
printf("%d\n", a<b);        // 结果为0
printf("%d\n", a>=b);       // 结果为1
```

```
printf("%d\n", a<=b);      // 结果为1
printf("%d\n", a==b);      // 结果为1
printf("%d\n", a!=b);      // 结果为0
```

拓展思考 3.2

假定存在变量 a、b、c，表达式 a<b<c 能否表示 b 属于 (a,c) 区间，并给出原因。

●●●● 3.4　逻辑运算符 ●●●●

逻辑运算符用于判断条件的真假，逻辑运算符包括&&（逻辑与）、||（逻辑或）、!（逻辑非）。其中&&和||为二元运算符，!为一元运算符，三个逻辑运算符的优先级从高到低依次为!、&&、||，具体运算规则见表3-2。

表 3-2　C 语言逻辑运算符运算规则

运算符	名　　称	示　　例	结　　果
&&	逻辑与	a&&b	如果 a 和 b 都为真，则结果为真，否则结果为假
||	逻辑或	a||b	如果 a 和 b 都为假，则结果为假，否则结果为真
!	逻辑非	!a	如果 a 为真，则 !a 为假；如果 a 为假，则 !a 为真

上表中对于操作数和结果都是用到了真和假，逻辑运算其实就是对于真假的运算。C语言中对于逻辑表达式中的真假而言，其结果是1代表真，0代表假；对于逻辑表达式中参与逻辑运算的操作数而言，非0值即代表真，0代表假，示例代码如下：

```
int a=10, b=0;
printf("%d\n", !a);        // 结果为0
printf("%d\n", !b);        // 结果为1
printf("%d\n", a&&b);      // 结果为0
printf("%d\n", a||b);      // 结果为1
printf("%d\n", !a||b);     // 结果为0
```

实际开发中经常会通过逻辑运算与关系运算组合使用，表示某个变量是否属于某个取值范围，示例代码如下：

```
int a = 5;
// a是否属于[1, 10]区间
printf("%d\n", a>=1&&a<=10);       // 结果为1
printf("%d\n", !(a<1||a>10));      // 结果为1
// a是否不属于[1, 10]区间
printf("%d\n", !(a>=1&&a<=10));    // 结果为0
printf("%d\n", a<1||a>10)          // 结果为0
```

拓展思考 3.3

通过上面代码，请思考如何判断某一个字符变量是否属于小写字母字符、大写字母字符和数字字符。

在实际开发中使用&&运算符和||运算符时需要特别注意，示例代码如下：

```
int a=1, b=1;
printf("%d\n", --a&&--b);      // 结果为0
printf("%d\n", a);             // 结果为0
printf("%d\n", b);             // 结果为1
a=0;
b=0;
printf("%d\n", ++a||++b);      // 结果为1
printf("%d\n", a);             // 结果为1
printf("%d\n", b);             // 结果为0
```

看到上面代码运行结果后会发现与预期并不相符，这是因为&&运算符和||运算符都存在有短路问题。

（1）&&运算符短路，当左操作数为假时，右操作数不执行。

（2）||运算符短路，当左操作数为真时，右操作数不执行。

短路问题实际上是C语言的一种短路求值策略，也称为最小化求值。即只有当左操作数的值无法确定逻辑运算的结果时，才会对右操作数进行求值。实际开发中只要注意不要在逻辑表达式中进行自增、自减、赋值运算即可。

●●●● 3.5　条件运算符 ●●●●

编写程序时往往会遇到条件判断，即根据条件是否成立来选择执行不同的操作。此时应该使用分支语句（第四章流程控制语句中介绍），但是如果条件和对应的操作比较简单时，可以通过?:（条件运算符）来实现，其语法格式如下。

```
表达式1 ? 表达式2 : 表达式3
```

在整个条件表达式中，先计算表达式1的值，如果其值为1（真），则表达式2的值作为整个条件表达式的值；如果表达式1的值为0（假），则表达式3的值作为整个条件表达式的值。

条件表达式就是对条件进行判断，然后根据条件判断的结果执行不同的操作，示例代码如下：

```
int a=3, b=2;
printf("%d\n", a>b?a+b:a-b); // 结果为5
printf("%d\n", a<b?a+b:a-b); // 结果为1
```

?:运算符是C语言中唯一的一个三元运算符，在某些书籍资料中所说的三元（三目）运算符实际上说的就是?:运算符，其结合性为右到左。如a>b?a:c>d?c:d可以理解为a>b?a:(c>d?c:d)。但实际开发中尽量避免对其进行嵌套，以免对源代码的阅读造成不必要的影响。

•••● 3.6 位 运 算 符 ●•••

位运算符是针对数据的二进制按位进行运算的符号，可以分为逻辑位运算符和移位运算符两类，~为一元运算符，其余位运算符为二元运算符。

3.6.1 逻辑位运算符

逻辑位运算符包括&（位与）、|（位或）、^（位异或）、~（位非），即对操作数的二进制每一位进行对应逻辑运算。

1. &运算符

&运算符是将两个操作数的二进制按位进行"与"运算，即两个二进制位数均为1，则该位结果为1，否则为0，示例代码如下：

```
short a=9, b=10;
printf("%hd\n", a&b);    // 结果为8
```

上面代码运算过程如下：

$$
\begin{array}{r}
0000\ 0000\ 0000\ 1001 \\
\&\ 0000\ 0000\ 0000\ 1010 \\
\hline
0000\ 0000\ 0000\ 1000
\end{array}
$$

2. |运算符

|运算符是将两个操作数的二进制按位进行"或"运算，即两个二进制位数均为0，则该位结果为0，否则为1，示例代码如下：

```
short a=9, b=10;
printf("%hd\n", a|b);    // 结果为11
```

上面代码运算过程如下：

$$
\begin{array}{r}
0000\ 0000\ 0000\ 1001 \\
|\ 0000\ 0000\ 0000\ 1010 \\
\hline
0000\ 0000\ 0000\ 1011
\end{array}
$$

3. ^运算符

^运算符是将两个操作数的二进制按位进行"异或"运算，即两个二进制位相同时，则该位结果为0，否则为1，示例代码如下：

```
short a=9, b=10;
printf("%hd\n", a^b);    // 结果为3
```

上面代码运算过程如下：

$$
\begin{array}{r}
0000\ 0000\ 0000\ 1001 \\
^\ 0000\ 0000\ 0000\ 1010 \\
\hline
0000\ 0000\ 0000\ 0011
\end{array}
$$

拓展思考 3.4

变量 a=1、b=2，则执行 a = a ^ b; b = a ^ b; a = a ^ b; 之后，a、b 的值各是多少？

4. ~运算符

~运算符是将操作数的二进制的每一位进行"非"运算，即二进制位为1，则该位结果为0；若二进制位为0，则该位结果为1，示例代码如下：

```
short a=9;
printf("%hd\n", ~a);      // 结果为-10
```

上面代码运算过程如下，1111 1111 1111 0110为-10的补码。

$$^{\char`\~}\ \ 0000\ 0000\ 0000\ 1001$$
$$\overline{\hspace{4cm}}$$
$$1111\ 1111\ 1111\ 0110$$

3.6.2 移位运算符

移位运算符包括<<（位左移）、>>（位右移），即对左操作数的二进制每一位整体往左或右移动右操作数位。

1. <<运算符

<<运算符是将左操作数的二进制每一位整体向左移动右操作数位。左边移出位舍弃，右边空余位补0，示例代码如下：

```
short a=9;
printf("%hd\n", a<<3);      // 结果为72
```

上面代码运算过程如下：

$$0000\ 0000\ 0000\ 1001$$
$$<<3$$
$$\overline{\hspace{6cm}}$$
$$\cancel{000}\ 0000\ 0000\ 0100\ 1000$$

通过运算过程不难发现，<<运算符每左移1位，相当于对左操作数进行乘2操作。示例代码中a<<3相当于a*2*2*2，即a*2³，结果为72。

2. >>运算符

>>运算符是将左操作数的二进制每一位整体向右移动右操作数位。右边移出位舍弃，对于无符号整型左边空余位补0；对于有符号整型左边空余位补符号位，即非负整数补0，负整数补1，示例代码如下：

```
short a=25;
printf("%hd\n", a>>3);      // 结果为3
```

上面代码运算过程如下：

$$0000\ 0000\ 0001\ 1001$$
$$>>3$$
$$\overline{\hspace{6cm}}$$
$$0000\ 0000\ 0000\ 0011\ \cancel{001}$$

通过运算过程不难发现，>>运算符每右移1位，相当于对左操作数进行整除2操作。示例代码中a>>3相当于a/2/2/2，即a/2^3，结果为3。

●●●● 3.7 赋值运算符 ●●●●

赋值运算符的作用是对变量进行赋值，赋值运算符均为二元运算符，结合性为右到左。赋值运算符可以分为简单赋值运算符和复合赋值运算符。

1. 简单赋值运算符

=（简单赋值运算符）的作用是将右操作数的值赋值给左操作数，右操作数可以为常量、变量或表达式，示例代码如下：

```c
int a, b;
a = 10;
printf("%hd\n", a);      // 结果为10
a = b = 20;
printf("%hd\n", a);      // 结果为20
printf("%hd\n", b);      // 结果为20
```

a=b=20表达式中，因为赋值运算符结合性为右到左，所以可以理解为a=(b=20)，即先给b赋值为20，再取b的值赋值给a，最终结果是a、b均为20。

2. 复合赋值运算符

复合赋值运算符实际上是一种缩写形式，使对变量的更改更加简便。复合赋值运算符主要是对基本算术运算和位运算（不包括~）的缩写，有+=（加法赋值）、-=（减法赋值）、*=（乘法赋值）、/=（除法赋值）、%=（模运算赋值）、<<=（位左移赋值）、>>=（位右移赋值）、&=（位与赋值）、|=（位或赋值）、^=（位异或赋值）。

对于复合赋值可做如下理解。

（1）基本形式：操作数1 op= 操作数2。

（2）等价形式：操作数1 = 操作数1 op 操作数2。

其中op为复合赋值对应运算，例如a+=2等价于a=a+2。

●●●● 3.8 其他运算符 ●●●●

1. sizeof运算符

C语言在制定标准时并没有明确地给出每种基本数据类型所占内存空间的大小，当希望在当前开发环境下获取某一数据或数据类型在内存中所占字节数，可以通过sizeof运算符获取指定数据或数据类型在内存中所占的字节数，示例代码如下。需要注意的是sizeof运算符的用法与调用函数很相似，但sizeof并不是函数，而是C语言标准中的运算符，示例代码如下：

```
short a = 10;
printf("%hd\n", sizeof(a));
printf("%hd\n", sizeof(a+1));
printf("%hd\n", sizeof(100));
printf("%hd\n", sizeof('c'));
printf("%hd\n", sizeof(3.14));
```

2. ,（逗号）运算符

逗号运算符可以把多个表达式用逗号连接起来，构成一个更大的表达式。逗号表达式中用逗号分开的表达式分别求值，以最后一个表达式的值作为整个表达式的值。在使用逗号运算符时要牢记逗号运算符的优先级在C语言的所有运算符中优先级最低，比赋值运算符还要低，示例代码如下：

```
int a;
a = 1, 2, 3;
printf("%d\n", a);   // 结果为1
a = (1, 2, 3);
printf("%d\n", a);   // 结果为3
```

3. ()（括号）运算符

C语言中括号运算符的优先级最高，当需要手动调整运算顺序时，可以通过括号运算符进行调整。

●●●● 3.9　类 型 转 换 ●●●●

在对数据进行运算时，经常需要对不同类型的数据进行运算，为了解决数据类型不一致的问题，需要对数据的类型进行转换，因为不同类型的数据进行运算时，应当先将数据转换成相同的数据类型再进行运算。C语言中的类型转换可以分为隐式类型转换和显式类型转换两种。

3.9.1　隐式类型转换

所谓隐式类型转换是指编译时由编译器自动进行的类型转换。转换规则为占用内存字节数少（值域小）的类型，向占用内存字节数多（值域大）的类型转换，以保证精度不降低，示例代码如下：

```
double c;
c=10/3;
printf("%.2lf\n", c);    // 结果为3.00
c=10.0/3;
printf("%.2lf\n", c);    // 结果为3.33
c=10/3.0;
printf("%.2lf\n", c);    // 结果为3.33
c=1.0*10/3;
printf("%.2lf\n", c);    // 结果为3.33
```

此外所有比int小的整型，如果该类型所有可能值均包含在int内则提升为int类型，否则提升为unsigned int类型，即在char类型1字节、short类型2字节、int类型4字节前提下，

char、short类型只要参与运算首先会提升到int类型。

很多书籍资料中介绍float类型只要参与运算会自动提升到double类型，其实这种描述并不准确，在早期的K&R C中确实有这种描述，但是在ANSI C中就明确否定了这种说法。

3.9.2　显式类型转换

自动类型转换是编译器根据代码的上下文环境自行判断的结果，有时候并不能满足所有的需求。如果需要，开发者也可以在代码中明确地提出要进行的类型转换，称为显式类型转换。

显式类型转换指使用类型转换运算符，将数据转换为指定的数据类型，语法格式如下：

```
(类型名)表达式
```

示例代码如下：

```
double c;
c=(double)10/3;
printf("%.2lf\n", c);    // 结果为3.33
```

••●● 3.10　内　存　溢　出　●●••

C语言中每种基本数据类型都有一定的取值范围，如果将一个超过了某变量取值范围的数值赋值给了它，就会发生数据溢出现象。

short、unsigned short类型的溢出问题，示例代码如下：

```
short a=32767;                  // short最大值
unsigned short b=65535;         // unsigned short最大值

printf("%hd\n", a);             // 32767
a+=1;
printf("%hd\n", a);             // -32768
a-=1;
printf("%hd\n", a);             // 32767

printf("%hu\n", b);             // 65535
b+=1;
printf("%hu\n", b);             // 0
b-=1;
printf("%hu\n", b);             // 65535
```

通过上面代码发现，对于整型变量如果在其最大值基础上加1会变成其最小值，反之最小值减1会变成最大值，其实对于一个超过某种数据类型表示范围的数值，该数据类型对于其真实数值必然是无法进行准确表示的，而上面的最大值最小值变换其实是由于整型的存储规则决定的。

short最大值32767的二进制为0111 1111 1111 1111，而C语言对于整型运算是直接对其内存二进制进行相应运算，故32767+1后变为1000 0000 0000 0000，此二进制为−32768补码。反过来−32768−1会以加法实现减法，即−32768 + −1，1000 0000 0000 0000 + 1111 1111 1111 1111，进位舍弃，最终结果为0111 1111 1111 1111，此二进制为32767补码。

unsigned short最大值65535的二进制为1111 1111 1111 1111，+1后变成0000 0000 0000 0000，为0的二进制形式，0−1同理以加法实现减法，即0 + −1，对应二进制为0000 0000 0000 0000 + 1111 1111 1111 1111，最终结果为1111 1111 1111 1111，按照unsigned int类型存储规则，此二进制为65535。

发生在运算过程中的内存溢出是最不易发现的，一名合格的开发者应该做到对数据处理过程中数值变化范围心中有数，进而做到选择合适数值范围的数据类型定义变量。

●●●● 习　题 ●●●●

3.1 单选题

（1）设有 int a=25;，则依次计算表达式 a%=(5%2)、a+=a+=1、a++，三个表达式的值分别为（　　　）。

　　A．0 2 2　　　　　　　　　　　　B．5 3 4

　　C．0 2 3　　　　　　　　　　　　D．以上都不正确

（2）若已定义 x 和 y 为 float 类型，则表达式 x=1.000000，y = x + 7/2 的值是（　　　）。

　　A．1.000000　　　B．4.5　　　　　C．4.000000　　　D．4.500000

（3）若变量已正确定义并赋值，下面符合 C 语言语法的表达式是（　　　）。

　　A．a := b+1　　　　　　　　　　　B．a = b = c + 2

　　C．int 18.5 % 3　　　　　　　　　　D．a = a + 7 = c + b

（4）能表示整数 x 符合下面两个条件之一的语句是（　　　）。

① 能被 4 整除，但不能被 100 整除。

② 能被 4 整除，又能被 400 整除。

　　A．(x%4==0&&x%100!=0)||x%400==0　　　B．(x%4==0||x%100!=0)&&x%400==0

　　C．(x%4==0&&x%400!=0)||x%100==0　　　D．(x%100==0||x%4!=0)&&x%400==0

（5）C 语句"x*=y+2;"还可以写作（　　　）。

　　A．x=x*y+2;　　　B．x=2+y*x;　　　C．x=x*(y+2);　　　D．x=y+2*x;

（6）执行语句"k=5^3;"后，变量 k 的当前值是（　　　）。

　　A．15　　　　　　B．125　　　　　　C．6　　　　　　　D．7

（7）设有 int a=4，b=3，c=2;，则表达式：a>b>c 的结果为（　　　）。

　　A．0　　　　　　B．1　　　　　　　C．2　　　　　　　D．3

3.2 写出下列表达式的值。

（1）当 x=2.5,a=7,y=4.7 时，x+a%3*(int)(x+y)%2/4 的值为多少？

（2）当 a=2,b=3,x=3.5,y=2.5 时，(float)(a+b)/2+(int)x%(int)y 的值为多少？

3.3 写出下面程序的运行结果。

```
#include <stdio.h>
int main(void)
{
    int i, j, m, n;
    i = 8;
    j = 10;
    m = ++i;
    n = j++;
    printf("%d,%d,%d,%d", i, j, m, n);
    return 0;
}
```

3.4 设 a=2，写出下面表达式运算后 a 的值。

（1）a+=a

（2）a-=2

（3）a*=2+3

（4）a/=a+a

（5）a+=a-=a*=a

（6）a%=(n%=2)，n 的值为 5

（7）a=a++

（8）a-=a-5

3.5 使用 C 语言编写程序，输入圆半径、圆柱高，求圆周长、圆面积、圆球表面积、圆球体积、圆柱体积，输出时要求保留小数点后二位数字。

3.6 使用 C 语言编写程序，输入一个华氏温度，输出摄氏温度。公式为 $C=\dfrac{5}{9}(F-32)$，输出时保留小数点后取 2 位数字。

3.7 使用 C 语言编写程序，从键盘输出梯形上底、下底和高，输出其面积，输出时保留小数点后取 2 位数字。

3.8 使用 C 语言编写程序，输入扇形的半径 r 和圆心角度 n，输出扇形的面积 S 和圆弧长 L，计算公式如下。

$$L=\frac{\pi rn}{180}$$
$$S=\frac{1}{2}rL$$

3.9 使用 C 语言编写程序，身体质量指数为 BMI（Body Mass Index）指数，简称体质指数，是国际上常用的衡量人体胖瘦程度以及是否健康的一个标准，BMI 超过 25 为超重。计算公式为：BMI= 体重 ÷（身高 × 身高）（体重单位：千克；身高单位：米）。输入体重和身高，输出其是否超重。

3.10 使用 C 语言编写程序，完成输入一个十进制的正整数 n（$16 \leqslant n \leqslant 255$），输出其十六进制形式（A~Z 使用大写字母输出）（结果一定是两位十六进制数）。printf() 函数打印时，不允许使用 %x，需通过编写代码进行进制转换。

第4章

程序控制语句

学习目标

（1）掌握算法的三种基本结构。

（2）了解面向过程的程序设计方法。

（3）理解控制算法运行路径的方法。

（4）掌握逻辑运算符、逻辑表达式在选择结构、循环结构中的作用。

（5）熟练使用顺序结构、选择结构、循环结构。

（6）掌握语句的概念，熟练使用if、else、switch、for、while、do、goto等语句。

（7）掌握多重循环的执行分析方法。

（8）能设计简单的算法，并根据算法编写程序。

（9）能读懂算法流程，并根据算法编写程序。

计算机在解决某个具体问题时，主要有三种情形，分别是顺序执行完所有的语句、选择执行部分的语句和循环执行部分的语句。C语言称这三种基本结构为顺序结构、选择结构和循环结构。

●●●● 4.1 程序流程图 ●●●●

算法是程序的核心。因此，算法的设计、表示是程序设计的关键步骤。算法的设计与分析经验的获得，在笔者看来，主要来自数学基础、算法知识和编程经验。而算法的表示可以借助自然语言、伪代码、图形等。

流程图是一种描述问题处理步骤的常用图形工具，它由一些图框和流程线组成。使用流程图描述问题的处理步骤形象直观、方便阅读。图4-1中给出了常用流程图符号，流程图就是借助约定的图形符号来表示算法的，使用这些符号画出来的流程图称为传统流程图。发展至今，已经出现了许多种不同的流程图，读者没必要了解太多的流程图画法，掌握一种能够清晰地表示出算法的步骤即可。

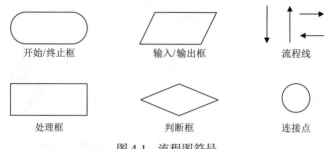

开始/终止框　　　　输入/输出框　　　　流程线

处理框　　　　判断框　　　　连接点

图 4-1　流程图符号

图4-1中流程图符号的具体解释如下：

开始/终止框：使用圆角矩形表示，用于标识流程的开始或结束。

输入/输出框：使用平行四边形表示，用于写明输入或输出的内容。

处理框：使用矩形表示，代表程序中的运算处理功能。

判断框：使用菱形表示，作用是对条件进行判断，根据条件是否成立决定如何执行后续操作。

流程线：使用实线单向箭头表示，可以连接不同位置的图框，表示程序执行的走向。

连接点：使用圆形表示，当流程图纸面放不下时，可通过连接点进行流程图的延续。

例4-1 设计一个算法：已知圆的半径，计算并显示圆的面积和周长。

显然对所设计的算法而言，半径是算法的输入，圆的面积和周长是算法的输出。使用流程图形式表示算法，如图4-2所示。

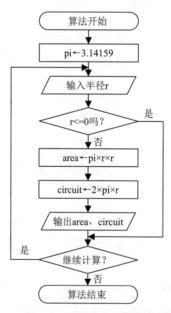

图 4-2　流程图表示算法

通过图4-2流程图，能够很清晰地看懂算法执行的具体过程。学习流程图的使用，能够有效地进行结构化程序设计。

•••• **4.2　顺　序　结　构** ••••

顺序结构即程序中的所有语句都是从上到下逐条执行的结构，在前面章节中出现的代码都属于顺序结构。顺序结构也是最简单常见的一种结构，它可以包含多种语句，如变量定义语句、输入/输出语句、赋值语句等。

如下面程序代码便是典型的顺序结构，根据代码的先后顺序依次执行，最终打印出图形。

```c
#include <stdio.h>

int main(void)
{
    printf("  **  \n");
    printf(" **** \n");
    printf("******\n");
    printf("  **  \n");
    printf("  **  \n");
    printf("  **  \n");

    return 0;
}
```

•••• **4.3　选　择　结　构** ••••

编程序需要对一些条件进行判断，然后根据判断结果选择执行不同的代码，此时程序代码对应的结构就称为选择结构。基本选择结构流程图，如图4-3所示。

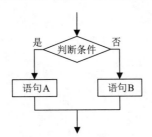

图 4-3　基本选择结构流程图

基本选择结构即如果条件满足就执行语句A，否则执行语句B。

4.3.1　if语句

选择结构在C语言中主要是通过if语句实现的，if语句又称为分支语句，完整形式如下：

```c
if(条件1)
{
```

```
        代码块1
    }
else if(条件2)
    {
        代码块2
    }
else if(条件3)
    {
        代码块3
    }
else
    {
        代码块4
    }
```

if语句完整形式所表示的含义为，首先判断if后面的条件1，如果条件1满足，则执行代码块1；如果条件1不满足，则继续判断else if后面的条件2，如果条件2满足，则执行代码块2；如果条件2不满足，则继续判断else if后面的条件3，如果条件3满足，则执行代码块3；如果条件3不满足，则执行else后面的代码块4。

实际开发中可以根据实际需求，灵活地对if语句中的else if分支和else分支进行组合，一个if语句中，if分支是必须要有的，表示判断条件；else if分支可以有任意多个，也可以没有，表示前面条件不满足时判断当前else if分支的条件；else分支只能有一个，也可以没有，表示当前面所有条件都不满足时执行else分支。

例 4-2 输入一个正整数，判断其是偶数还是奇数。

```
#include <stdio.h>

int main(void)
{
    int num;
    scanf("%d", &num);
    if(num%2==0)
    {
        printf("%d是偶数\n",num);
    }
    else
    {
        printf("%d是奇数\n",num);
    }

    return 0;
}
```

上面例题中通过scanf()函数读取一个整数，然后通过if语句判断是否为偶数，判断条件通过模运算结果进行判断，如果num%2==0条件满足则输出偶数，否则输出奇数。

上面是if语句的一个典型应用，if中的每个分支默认后面的一条语句为其分支内语句，当语句超过一条时，可以使用"{}"将多条语句括起来，组合成一条复合语句，前面if语句后面的{}就是一条复合语句，当分支内语句只有一条语句时，可以省略{}，示例代码如下：

```
#include <stdio.h>

int main(void)
{
    int num;
    scanf("%d", &num);
    if(num%2==0)
        printf("%d是偶数\n",num);
    else
        printf("%d是奇数\n",num);

    return 0;
}
```

但实际开发中并不建议省略{}，因为{}的存在可以让程序结构更清晰，减少不必要的麻烦。并且在进行多层if语句嵌套使用时，会出现多个if和else的重叠情况，C语言规定else总是与它前面最近的if语句进行匹配，有效的{}和缩进可以使开发人员更好地把握程序的执行过程，减少bug的存在。

例 4-3 输入一个整数表示成绩，输出其对应评级。评级规则：[0, 59]为差，[60, 79]为良，[80, 100]为优。

```
#include <stdio.h>

int main(void)
{
    int score;
    scanf("%d",&score);
    if(score>=0 && score<=59)
    {
        printf("差\n");
    }
    else if(score>=60 && score<=79)
    {
        printf("良\n");
    }
    else if(score>=80 && score<=100)
    {
        printf("优\n");
    }
    else
    {
        printf("成绩错误! \n");
    }

    return 0;
}
```

上面代码中根据不同的评级区间条件进行判断，并输出最终的结果。但有时可以通过对条件顺序的合理安排，来对条件进行简化，示例代码如下：

```c
#include <stdio.h>

int main(void)
{
    int score;
    scanf("%d",&score);
    if(score<0||score>100)
    {
        printf("成绩错误! \n");
    }
    else if(score<=59)
    {
        printf("差\n");
    }
    else if(score<=79)
    {
        printf("良\n");
    }
    else
    {
        printf("优\n");
    }

    return 0;
}
```

简化后的代码中首先对错误的成绩进行判断，即可保证在后面判断时成绩均为合法成绩，即成绩必然属于[0，100]区间，接着判断时便无须判断成绩是否为>=0；在判断是否评级为良时，只需要判断成绩是否<=79即可，因为在判断此分支时，必然是前面条件都不满足，也就是成绩必然是>=60的；最后的else分支无须判断其他条件，因为如果前面分支都不满足，必然属于评级优的范围。

开发时也可以根据实际需求对if语句进行嵌套使用，如上面代码也可以改为如下形式，效果是一样的。

```c
#include <stdio.h>

int main(void)
{
    int score;
    scanf("%d",&score);
    if(score>=0&&score<=100)
    {
        if(score<=59)
        {
            printf("差\n");
```

```
        }
        else if(score<=79)
        {
            printf("良\n");
        }
        else
        {
            printf("优\n");
        }
    }
    else
    {
        printf("成绩错误! \n");
    }

    return 0;
}
```

4.3.2　switch语句

switch语句又称为多路分支语句，也是一种常见的选择结构，和if语句不同在于，if语句是根据条件是否成立选择执行不同的代码，而switch语句是通过某个表达式的值来做出选择，一般形式如下：

```
switch (表达式)
{
case 目标值1:
    语句1;
    break;
case 目标值2:
    语句2;
    break;
...
case 目标值n:
    语句n;
    break;
default:
    语句n+1;
    break;
}
```

swtich语句会将表达式的值与其中每个case后面的值进行匹配，如果找到了匹配的值，就会执行对应语句，直到遇到break时跳出switch语句。break语句在switch语句中表示跳出switch语句的意思。

例 4-4 输入一个整数表示月份，输出其对应月份在平年时的天数。

```
#include <stdio.h>

int main(void)
{
```

```
int month;
scanf("%d", &month);
switch (month)
{
case 1:
    printf("31天\n");
    break;
case 2:
    printf("28天\n");
    break;
case 3:
    printf("31天\n");
    break;
case 4:
    printf("30天\n");
    break;
case 5:
    printf("31天\n");
    break;
case 6:
    printf("30天\n");
    break;
case 7:
    printf("31天\n");
    break;
case 8:
    printf("31天\n");
    break;
case 9:
    printf("30天\n");
    break;
case 10:
    printf("31天\n");
    break;
case 11:
    printf("30天\n");
    break;
case 12:
    printf("31天\n");
    break;
default:
    printf("输入错误\n");
    break;
}

return 0;
}
```

在上面的代码中，使用switch语句实现了对不同月份中所包含天数的判断，其中当default分支处于switch语句的最下方时，break实际上是可以省略的，但是C语言并没规定

default必须作为最后一个分支出现，也就是default可以出现在case分支的中间，为了保持switch语句结构的完整性，最好还是在default分支后面也加上break。当然这只是一种编程习惯，并不属于强制的行为。

拓展思考 4.1

如果上面代码的 switch 语句中没有 break 语句的话，程序的执行结果会是怎样？

阅读上面代码，读者不难发现代码中存在大量代码冗余的情况，实际开发中不用局限于switch语句的标准形式，可以根据实际情况进行应用，例如上面代码可以简化为如下代码，运行效果是一致的。

```c
#include <stdio.h>

int main(void)
{
    int month;
    scanf("%d",&month);
    switch(month)
    {
    case 1:
    case 3:
    case 5:
    case 7:
    case 8:
    case 10:
    case 12:
        printf("31天\n");
        break;
    case 2:
        printf("28天\n");
        break;
    case 4:
    case 6:
    case 9:
    case 11:
        printf("30天\n");
        break;
    default:
        printf("输入错误\n");
        break;
    }

    return 0;
}
```

因为switch语句匹配到某个分支后，会从当前分支开始逐行执行每条语句，直到遇见break语句或者执行完switch语句中所有代码才会跳出switch语句的执行，所以通过如上合理的代码简化，最终运行效果与原始代码是一致的，但是却减少了代码的冗余程度。

实际开发中要根据实际情况，具体问题具体分析，从程序的可读性、执行效率等多个方面综合考虑，使用合适的选择结构语句，才能写出高质量的代码。

•••● 4.4　循 环 结 构 ●•••

循环结构也是结构化程序设计的基本成分之一，所要解决的问题是在某一条件下，重复执行某些语句或某个模块。根据条件的结果决定循环是否继续。这些被重复执行的语句或模块，称为循环体。

为了循环不至于变成无限循环（又称为死循环），在执行循环体的过程中，一定要使循环条件表达式中的变量值有所变化，一个合理的循环结构，最终会使循环条件从一个状态转化为另一个状态，使循环正常终止。

循环条件所用的表达式，可以是算术表达式，关系表达式，逻辑表达式或者最终能得到非0或0值的其他表达式。

在C语言中，主要有while循环、do...while循环、for循环三种循环语句。

4.4.1　while循环

while循环首先判断循环条件，再决定是否执行循环体，对应流程图如图4-4所示。

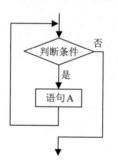

图 4-4　while 循环流程图

while循环的循环结构是当条件满足时再执行循环，故此又称为"当型"循环。while循环的一般形式如下：

```
while (条件表达式)
{
    语句；
}
```

在上面语法格式中，{}为一个复合语句，称为循环体。当循环体内语句只有一条语句时，可以省略{}。循环体是否执行取决于循环条件的结果，如果结果为真则执行循环，否则不执行循环。

例4-5　输入一个正整数，求其每一位上的数字之和。

```
#include <stdio.h>
```

```
int main(void)
{
    int num,sum;
    scanf("%d",&num);
    sum = 0;
    while (num!=0)
    {
        sum+= num%10;
        num/=10;
    }
    printf("%d\n",sum);

    return 0;
}
```

上面代码中对输入正整数num，当num不为0时，获取其个位上数值累加到sum中，并对其进行除等10，即去掉原个位；当num等于0时，表示原num中每一位均已累加到sum中。

4.4.2　do...while循环

do...while循环的循环结构与while循环并不相同，区别在于，do...while循环是先执行一遍循环体，再判断循环条件决定是否继续执行循环体。即无论条件是否满足，do...while循环都会至少执行一次循环体。对应流程图如图4-5所示。

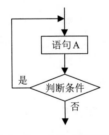

图 4-5　do...while 循环流程图

do...while循环的循环结构是先执行循环体，直到条件不满足时停止循环，故此又称为"直到型"循环。do...while循环的一般形式如下：

```
do
{
    语句;
} while (条件表达式);
```

do...while循环的条件放到了循环体的后面，这也就意味着条件的判断是在执行完循环体之后进行的，循环体会无条件地执行一次。此外，特别需要注意的是do...while循环语句末尾需要添加分号，这点与前面学过的if语句、switch语句、while循环，以及后面将要学习的for循环均不相同。

例 4-6 输入任意多正整数，每个正整数使用空格隔开，输入0时表示输入结束，输出输入0之前所有正整数的和。

```c
#include <stdio.h>

int main(void)
{
    int n=0,sum=0;
    do
    {
        scanf("%d",&n);
        sum+=n;
    } while (n!=0);
    printf("%d\n",sum);

    return 0;
}
```

对于本例而言，无论输入的数字是否为0，都需要通过scanf()函数来完成数值的读取，最后把0累加到sum中并不会影响最终结果，所以可以通过do...while循环来实现。

4.4.3 for循环

在前面介绍了while循环和do...while循环，在实际开发中还有一种经常会用到的循环语句，即for循环。相对于其他两种循环，for循环更多地应用于确定循环次数的循环中。for循环一般形式如下：

```
for (初始表达式；条件表达式；循环表达式)
{
    语句;
}
```

for循环的循环结构与while循环相同，具体执行过程如下：

（1）步骤1：执行初始表达式。

（2）步骤2：执行条件表达式，如果条件表达式成立，则执行步骤3，否则循环结束。

（3）步骤3：执行循环体内语句。

（4）步骤4：执行循环表达式，执行完循环表达式后，跳转到步骤2执行。

对于for循环中的三个表达式，在实际开发中可以根据情况选择性使用，即三个表达式均可以为空，如for (; ;)。注意，当条件表达式为空时，默认为条件恒定成立。

在C99标准中允许在初始表达式中定义变量，变量生命周期属于整个循环过程，但是目前仍有部分编译器没有提供该语法的支持，所以本书中for循环示例中循环变量的定义仍在循环之前定义，读者可以根据自己开发环境决定是否在初始表达式中定义循环变量。

例 4-7 水仙花数是指一个三位正整数，其各位上的数字立方和等于该数本身。例如

$153=1^3+5^3+3^3$。输出所有的水仙花数。

```c
#include <stdio.h>

int main(void)
{
    int i,a,b,c;
    for(i=100;i<1000;++i)
    {
        a=i/100;
        b=i%100/10;
        c=i%10;
        if(a*a*a+b*b*b+c*c*c==i)
        {
            printf("%d\n",i);
        }
    }

    return 0;
}
```

运行程序结果如下：

```
153
370
371
407
```

本题实现时采用了枚举算法思想，即枚举每一种可能结果进行验证，验证通过时进行输出。水仙花数规定为三位正整数，即100~999中的每一个整数均可能为水仙花数，上面代码中通过for循环中循环变量i初始值为100，然后随着循环执行不断累积加，达到遍历100~999之间所有整数的目的，当i的值累加到1000时，循环条件不满足，循环结束。

上面例子使用while循环、do...while循环也能够实现，但是for循环明显更加适合。对于明确循环范围的情况，推荐使用for循环，while循环更适用于不确定循环范围的情况，而do...while循环适用于至少执行一遍循环体的情况。

拓展思考4.2

while 循环、do...while 循环、for 循环三者有什么区别？在使用过程中它们是否可以相互任意替换？

4.4.4　多重循环

有时为了解决一个复杂问题，需要在一个循环中嵌套另一个循环，即多重循环。

例4-8 打印九九乘法口诀表。

```c
#include <stdio.h>

int main(void)
```

```
{
    int i,j;
    for (i=1;i<10;++i)
    {
        for(j=1;j<=i;++j)
        {
            printf("%d×%d=%-4d",j,i,j*i);
        }
        printf("\n");
    }

    return 0;
}
```

本题中需要根据外层循环变量i的值来控制循环内层循环的循环次数，也就是对于每次外层循环，内层循环次数为i次。

•••● 4.5　跳　转　语　句　●•••

跳转语句的作用是使程序跳转到其他位置执行，在C语言中，常用的跳转语句有break语句、continue语句、goto语句。

4.5.1　break语句

在switch语句和循环语句中均可以使用break语句，表示跳出当前结构语句的意思。当它出现在switch语句中时，表示跳出switch语句；当它出现在循环语句时，表示跳出循环语句，即结束循环，执行循环之后的代码。

例4-9 输入两个正整数，输出其最大公约数。

```
#include <stdio.h>

int main(void)
{
    int i,a,b;
    scanf("%d %d",&a,&b);
    i=a>b?b:a;
    for(;i>0;--i)
    {
        if(a%i==0&&b%i==0)
        {
            printf("%d\n",i);
            break;
        }
    }

    return 0;
}
```

　　上面例子中i从a、b两数的较小值开始枚举是否为所求最大公约数，如果不是则自减
1后继续循环；当i值满足要求时，即i为a、b最大公约数，循环不应该继续执行，此时通
过break跳出循环，循环结束。

4.5.2　continue语句

　　continue语句的作用用于循环语句，作用是用来结束本次循环，即跳过循环体中尚
未执行的语句。注意continue语句只是结束本次循环，并不会停止循环。

例4-10　求100～150之间和400～500之间能被9整除的数。

```
#include <stdio.h>

int main(void)
{
    int n;
    for(n=100;n<=500;++n)
    {
        if(n>150&&n<400)
        {
            continue;
        }
        if(n%9==0)
        {
            printf("%d\n",n);
        }
    }

    return 0;
}
```

　　在循环时，如果可以提前确定本次循环后面的语句无须执行，则可以通过continue
直接跳过本次循环。

4.5.3　goto语句

　　goto语句又被称为无条件跳转语句，其语法格式如下：

```
goto 语句标记;
```

　　这里的语句标记要用标识符来表示，而不能用数值。此语句的作用是程序无条件地
跳转到具有该语句标记的位置继续执行，所以与goto语句相对应，代码中必定有一个对
应的语句标记语句，其语法格式如下：

```
语句标记:
```

例4-11　求[1, 100]区间内奇数和，即求1+3+5+…+99。

```
#include <stdio.h>

int main(void)
{
```

```
    int i=1,sum=0;
loop:
    sum=sum+i;
    i+=2;
    if(i<100)
    {
        goto loop;
    }
    printf("%d\n",sum);

    return 0;
}
```

虽然goto语句可以随心所欲地更改程序执行流程，但它并不符合模块化设计思想，且滥用goto语句会降低程序的可读性，所以程序开发中应尽量避免使用goto语句。

●●●● 习　　题 ●●●●

4.1 单选题

（1）对 for(表达式 1; ;表达式 3) 可理解为（　　　）。

A. for(表达式 1; 0; 表达式 3)

B. for(表达式 1; 1; 表达式 3)

C. for(表达式 1; 表达式 1; 表达式 3)

D. for(表达式 1; 表达式 3; 表达式 3)

（2）在 C 语言中 while 和 do...while 循环的主要区别是（　　　）。

A. do...while 允许从外部转到循环体内

B. do...while 的循环体不能是复合语句

C. do...while 的循环体至少无条件执行一次

D. while 的循环控制条件比 do...while 的循环控制条件严格

（3）在 while(x) 语句中的 x 与下面条件表达式等价的是（　　　）。

A. x==0　　　　　　　　　　　　　　B. x==1

C. x!=1　　　　　　　　　　　　　　D. x!=0

（4）下面有关 for 循环的正确描述是（　　　）。

A. for 循环只能用于循环次数已经确定的情况

B. for 循环是先执行循环体语句，后判断表达式

C. 在 for 循环中，不能用 break 语句退出循环体

D. for 循环的循环体语句中，可以包含多条语句，但必须用花括号括起来

（5）以下程序的输出结果是（　　　）。

```
int main(void)
{
    int  i,a[10];
```

```
    for(i=0;i<10;i++)
        a[i]=10-i;
    printf("%d%d%d",a[3],a[6],a[9]);
    return 0;
}
```

  A．258　　　　　　　　　　　B．741

  C．852　　　　　　　　　　　D．369

（6）有以下程序，程序运行后的输出结果是（　　　）。

```
int main(void)
{
    int k=4,n=0;
    for(;n<k;)
    {
        n++;
        if(n%3!=0)
            continue;
        k--;
    }
    printf("%d,%d\n",k,n);
    return 0;
}
```

  A．1,1　　　　　　　　　　　B．2,2

  C．3,3　　　　　　　　　　　D．4,4

4.2 使用 C 语言编写程序，有三个整数 a,b,c，由键盘输入，输出它们当中最大的数。

4.3 使用 C 语言编写程序，计算下面的分段函数，x 的值由键盘输入。

$$y = \begin{cases} x(x<1) \\ 2x-1(1\leqslant x<10) \\ 3x-11(x\geqslant 10) \end{cases}$$

4.4 使用 C 语言编写程序，输入两个数，若这两个数异号，则求其和，否则求其差。

4.5 使用 C 语言编写程序，给出一百分制成绩，要求输出成绩等级 A、B、C、D、E。90 分及以上为 A，80~89 分为 B，70~79 分为 C，60~69 分为 D，59 分及以下为 E。

4.6 使用 C 语言编写程序，输入三个整数，要求按大小顺序输出。

4.7 使用 C 语言编写程序，使用 do…while 语句求 100 以内偶数之和。

4.8 使用 C 语言编写程序，使用 for 语句求 100 以内奇数之和。

4.9 使用 C 语言编写程序，输入两个正整数 M 和 N，求其最大公约数和最小公倍数。

4.10 使用 C 语言编写程序，输入一行字符，分别统计出其中英文字母、空格、数字和其他字符的个数。

4.11 使用 C 语言编写程序，从键盘输入一元二次方程 $ax^2+bx+c=0$ 的三个系数 a、b、c，求解方程的根。

4.12 使用 C 语言编写程序，求 S=1!+2!+ … +20!。

4.13 使用 C 语言编写程序，打印出 1 000 以内能被 3 整除但不能被 5 整除的所有正整数。

4.14 使用 C 语言编写程序，求 3 ~ 1 000 之间的全部素数，并将它们全部输出。

4.15 使用 C 语言编写程序，已知 ij×ji=1300，使 i+j 取最小值，求 i 和 j 各是多少，i、j 各是一位的整数。

4.16 使用 C 语言编写程序，打印如下图形（要求用循环语句完成）。

```
    *
   ***
  *****
 *******
*********
 *******
  *****
   ***
    *
```

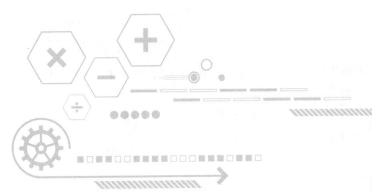

第5章
数　　组

学习目标

（1）掌握一维数组的定义、初始化方法及经典应用。

（2）掌握二维数组的定义、初始化方法及经典应用。

（3）能够正确引用数组的元素。

（4）理解字符数组的概念。

（5）学会使用字符数组来存储字符串及基本的字符串输入输出。

学习至此，读者所见的程序仅仅处理少量数据，且数据间没有联系，而在实际应用中设计能够处理大量有联系的数据的程序将成为常态。例如，设计一程序具有如下功能：接收从键盘输入50位学生的C语言成绩；求平均成绩；按降序排序并输出。此时，如果仍然采用前面章节中定义离散变量存储数据的方法解决该问题，显然是不可行的。

本章将介绍一种新机制——数组，它能够管理一块连续的内存单元。对内存单元中各个个体进行规律的命名，同时现实世界中具有线性关系的同类型数据能够存储在这些个体中，这有助于程序对其进行访问和处理。

实践中常用的有一维数组、二维数组。

由于字符串是计算机中一个重要的操作对象，且C语言没有专门的字符串类型而是用字符数组来存储字符串，所以本章将专门安排一节对其进行讲解。

●●●● 5.1　一　维　数　组 ●●●●

一维数组就是在内存中连续存放的相同类型数据构成的整体。这一节可以按照一维数组的定义、元素引用、初始化方法及应用举例这个脉络进行学习。

5.1.1　一维数组的定义

定义一维数组的一般格式为：

类型标识符　数组名[常量表达式];

说明：

（1）类型标识符指数组元素的数据类型，可以是 int, short, long, double, float, char 等。

（2）数组名的命名与变量名的命名规则相同。

（3）用方括弧括起来的常量表达式，表示数组元素的个数，即数组长度。数组元素的个数不允许用变量表示。

示例代码如下：

```
int a[5];
```

表示定义了一个数组a，它有5个元素，每个元素的类型都是int型，即数组a是int型数组。数组元素的下标从0开始，这5个数组元素分别是a[0]，a[1]，a[2]，a[3]，a[4]。需要注意的是，不包括a[5]。其存储形式如图5-1所示，数组占用连续的存储空间。特别说明，在自然语言中，数组名字代表一个数组，而在C语言程序中，数组名相当于这个连续空间的起始地址（首地址）。

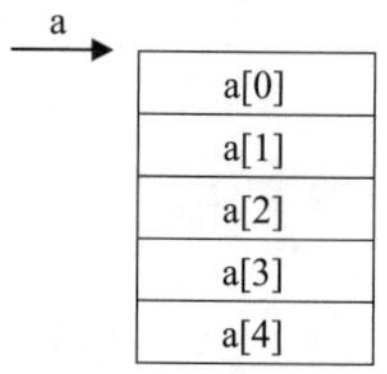

图 5-1　数组存储示意图

下面是其他类型数组的例子：

```
char b[10];          // 表示定义有10个元素的字符型数组b
long c[10];          // 表示定义有10个元素的长整型数组c
double d[20];        // 表示定义有20个元素的双精度型数组d
```

注意： 定义数组时，常量表达式可以是常量、符号常量，不能是变量。例如下面的定义是不允许的。

```
int  n;
scanf("%d",&n);
int a[n];
```

5.1.2　一维数组元素的引用

数组必须先定义再使用。由于在C语言语法中，没有一个表示整个数组的工具，所以程序只能逐个引用数组元素而不能一次引用整个数组。

数组元素的引用形式为：

数组名[下标]

通过这种形式指出数组中下标所标识的元素，下标可以是整型常量、变量或整型表达式，示例代码如下：

```
int i=0;
a[i]=3;              // 表示将3赋值给数组a中的元素a[0]
a[2]=a[1];           // 表示将数组元素a[1]的值赋值给数组元素a[2]
printf("%d",a[1]);   // 表示输出数组元素a[1]的值
```

注意： 下标值的范围是 0 到数组长度 −1 的整数。

例 5-1 数组元素的引用。

```
#include <stdio.h>

int main(void)
{
    int i,a[10];
    for(i=0;i<=9;i++)
        a[i]=i;
    for(i=0;i<=9;i++)
        printf("%d ",a[i]);

    return 0;
}
```

运行程序结果如下：

```
0 1 2 3 4 5 6 7 8 9
```

程序功能是，让数组元素a[0],…,a[9]的值分别为0,…,9，然后输出a[0],…,a[9]的值。

要区分数组在定义与引用时的区别：定义时是申请存放数组空间的大小，例如int a[5]，是申请5个整型数据的空间。引用时是指下标所确定的元素，例如a[4]指a数组中的第五个元素。在引用时注意下标的值不要超过数组定义时的范围。

5.1.3 一维数组的初始化

为了使用方便，C语言允许在定义数组时对各个元素指定初值，这个操作称为数组的初始化。一维数组的初始化方式有下面三种：

1. 完全初始化

示例代码如下：

```
int a[5]={0, 1, 2, 3, 4};
```

将要赋值给数组元素的初值依次写出来，数值之间用逗号隔开，并用花括弧将所有数值括起来。上面语句的作用相当于：a[0]=0; a[1]=1; a[2]=2; a[3]=3; a[4]=4;。

字符数组的初始化与数值数组类似，例如：

```
char ch[5]={'a', 'b', 'c', 'd', 'e'};
```

2. 定义数组时可以只对一部分元素赋值

示例代码如下：

```
int a[10]={1, 3, 5, 7, 9};
```

定义数组a有10个元素，只给出了前5个元素的初值，后5个元素的初值会由编译器自动定义为"0"。这里注意C语言的默认规则：依次对数组的前面元素进行初始化，后面元素为默认值。

3. 对全体数组元素赋初值时，可不指定数组长度

示例代码如下：

```
int a[ ]={1, 3, 5, 7, 9};
```

虽然在定义数组时，未指定数组a的长度，但编译时编译器根据花括弧中数值的个数来确定数组长度。上例中包含5个数值，因此系统确定数组包含5个元素。

注意：当指定的数组长度与赋初值元素的个数不一致时，应用方法 2 来初始化数组。

需要说明的是，即使在定义数组的时候没有对元素进行初始化，这时每个数组元素也会有一个初始值，这个初始值有可能是"0"值，也可能是随机值。这与数组的类型及存储区域有关。

5.1.4　一维数组举例

例5-2 输入10个学生的成绩，求平均成绩，并将低于平均成绩的分数输出。

分析：由于需要存储的数值较多，而且需要多次使用，因此定义一个实型数组score存放10个学生的成绩，变量aver存放平均成绩。

示例代码如下：

```c
#include <stdio.h>

int main(void)
{
    int i;
    float aver, score[10];
    printf("Please input 10 students' scores:\n");

    for(i=0;i<10;i++)                //输入10个学生的成绩
        scanf("%f",&score[i]);

    for(aver=0,i=0;i<10;i++)      //求平均成绩
        aver=aver+score[i];
    aver=aver/10;

    printf("average = %6.2f\n",aver);
    printf("the score below the average:\n");

    for(i=0;i<10;i++)                //输出低于平均成绩的分数
        if(score[i]<aver)
            printf("%.2f ",score[i]);

    return 0;
}
```

运行程序结果如下：

```
Please input 10 students' scores:
69 70 80 100 66 53 80 99 96 84
average = 79.70
the score below the average:
69.00 70.00 66.00 53.00
```

例5-3 用数组来解决求Fibonacci数列问题（输出数列的前20个数）。

示例代码如下：

```c
#include <stdio.h>

int main(void)
{
    int i;
    int f[20]={1, 1};              //数列的前两个数为1，1
    for(i=2; i<20; i++)
        f[i]=f[i-1] + f[i-2];

    for(i=0;i<20;i++)
    {
        if(i%5==0)
            printf("\n");          //每输出5个数值就换行
        printf("%12d", f[i]);
    }

    return 0;
}
```

运行程序结果如下：

1	1	2	3	5
8	13	21	34	55
89	144	233	377	610
987	1597	2584	4181	6765

用if语句控制换行，使每行输出5个数值。

例5-4 从键盘输入10个整数，并检查整数99是否包含在这些数据中，若99包含在其中则输出是第几个数。

示例代码如下：

```c
#include <stdio.h>

int main(void)
{
    int i;
    int data[10];
    printf("Please input 10 integers:\n");
    for(i=0;i<10;i++)
        scanf("%d", &data[i]);
    for(i=0;i<10;i++)
    {
        if(data[i]==99)
        {
            printf("99 is input in the position %d.\n", i+1);
            break;
        }
    }
```

```
        return 0;
}
```

运行程序结果如下：

```
Please input 10 integers:
0 99 568 44 66 67 58 20 32 16
99 is input in the position 2.
```

例5-5 利用一维数组输出杨辉三角（输出10行）。

示例代码如下：

```
#include <stdio.h>

int main(void)
{
    int a[10];
    int n=10, i, j;
    for(i=0;i<n;i++)
    {
        a[0]=1;
        for(j=i-1;j>0;j--)
            a[j]=a[j-1]+a[j];
        a[i]=1;
        for(j=1;j<=2*(n-i);j++)
            printf("%c",' ');
        for(j=0;j<i+1;j++)
            printf("%4d",a[j]);
        printf("\n");
    }
    printf("\n");

    return 0;
}
```

运行程序结果如下：

```
                        1
                     1   1
                  1   2   1
               1   3   3   1
            1   4   6   4   1
         1   5  10  10   5   1
      1   6  15  20  15   6   1
   1   7  21  35  35  21   7   1
1   8  28  56  70  56  28   8   1
1   9  36  84 126 126  84  36   9   1
```

排序问题是一个十分常见，非常重要的问题。在日常应用中常常需要排序。例如在大学里评奖学金，要根据学生的德、智、体等各方面的综合得分，按分数从高到低排序，排在前面的学生才能得到奖学金。通常排序时，按从小到大（或从低到高）的顺序排列为"升序"排列；按从大到小（或从高到低）的顺序排列为"降序"排列。排序的方法很多，下面介绍两种比较简单的排序方法。

例5-6 输入10个数，将它们按从大到小的次序排序以后输出。

方法一：选择排序

选择排序的基本思想是：首先从要排序的数中找出最大的数，将它放在第一个位置，然后从剩下的数中找出最大地放在第二个位置，如此找下去，一直到最后从剩下的两个数中找出最大地放在倒数第二个位置，剩下的一个数自然位于最后位置，排序结束。

如果在数组中进行排序，假设数组a一开始存放输入的10个未排序的数，经过排序后数组a中的数是按照从大到小的顺序存放的。

为了在第一个数组元素a[0]中得到最大值，将a[0]与它后面的元素a[1]，a[2]，a[3]，…，a[9]依次进行比较。先比较a[0]与a[1]的大小，如果a[0]<a[1]，则将a[0]与a[1]的值交换，否则不交换两个数组元素的值。这样在a[0]中得到的是a[0]与a[1]中的最大值。然后将a[0]与a[2]进行比较，如果a[0]<a[2]，则将a[0]与a[2]的值交换，否则不交换。这样在a[0]中得到的是a[0]、a[1]、a[2]中的最大值。如此依次继续……，最后a[0]与a[9]比较，如果a[0]<a[9]则将a[0]与a[9]的值交换，否则不交换。这样，经过9次比较之后，a[0]中的数就是数组a中的最大值。

同样，为了在第二个数组元素a[1]中得到次大值，将a[1]与它后面的元素a[2]，a[3]，a[4]，…，a[9]依次进行比较。如果a[1]的值小于某一个数组元素的值，则将该元素与a[1]的值交换，否则不交换。这样，经过8次比较之后，在a[1]中得到次大值。

注意： 因为 a[0] 的值已经是最大值，不用再参加比较。

类似地继续比较下去，直到最后将a[8]与a[9]进行比较，将大数存放于a[8]，小数自然存放于a[9]，数组a的排序工作结束。

下面以5个数为例，说明选择排序过程：

a[0]	a[1]	a[2]	a[3]	a[4]	
4	5	7	1	2	
5	4	7	1	2	
7	4	5	1	2	
7	4	5	1	2	
7	4	5	1	2	第一趟比较结束
7	5	4	1	2	
7	5	4	1	2	
7	5	4	1	2	第二趟比较结束
7	5	4	1	2	
7	5	4	1	2	第三趟比较结束
7	5	4	2	1	第四趟比较结束

通过对5个数的排序可以看出，5个数排序需进行四趟比较，每一趟比较的次数不一样。第一趟要比较4次，第二趟要比较3次……最后一趟要比较1次。总共比较10次。如果是10个数的排序，用二重循环实现。外循环需重复9次，内循环依次重复9，8，7……1次。

给出算法如下：

步骤1：输入10个数到数组a

步骤2：对数组a按降序排序

步骤3：输出排序后的数组a

其中步骤2可进一步细化为：

步骤2.1：for i=0 to 8

步骤2.2：　for j=i +1 to j=9

步骤2.3：　　如果a[i]<a[j]则交换a[i]与a[j]

交换数值时，需要一个中间量来暂时存放数据。

示例代码(a)如下：

```c
#include <stdio.h>

int main(void)
{
    int i,j;
    float a[10], t;

    printf("Please input 10 float:\n");
    for(i=0;i<9;i++)
        scanf("%f",&a[i]);

    for(i=0;i<9;i++)
        for(j=i+1;j<=9;j++)
            if(a[i]<a[j])
            {
                t=a[i];
                a[i]=a[j];
                a[j]=t;
            }
    printf("The sorted array:\n");
    for(j=0;j<9;j++)
        printf("%.2f",a[j]);

    return 0;
}
```

运行程序结果如下：

```
Please  input  10  float:
45.1 29.0 66.5 -12.0 0.36 0.25 120.3 22.2 78.6 5.15
The sorted array:
```

```
120.30 78.60 66.50 45.10 29.00 22.20 0.36 0.25 -12.00
```

上面的选择排序方案，每次交换两个元素需要执行3条语句，而且有一些交换是不必要的，太多甚至过多的交换必然要花费大量的时间。可对以上的方案进行改进，在内循环中找出最大值的下标，并将已经比较过的数的下标记下来，在内循环结束时才考虑是否要交换。

改进后，步骤2的算法进一步求精为

步骤2.1：　for i=0 to 8

步骤2.2.1：　　k = i

步骤2.2.2：　　for j=i+1 to 9

步骤2.2.3：　　　如果a[k]<a[j] 则k=j

步骤2.3：　　　如果i !=k则交换a[i]与a[k]

改进后的示例代码(b)如下：

```c
#include <stdio.h>

int main(void)
{
    int i, j, k;
    float a[10], t;
    printf("Please input 10 float:\n");
    for(i=0;i<9;i++)
        scanf("%f", &a[i]);
    for(i=0;i<9;i++)
    {
        k=i;
        for(j=i+1;j<=9;j++)
        {
            if(a[k]<a[j])
                k=j;
        }
        if(k!=i)
        {
            t=a[i];
            a[i]=a[k];
            a[k]=t;
        }
    }
    printf("The sorted array:\n");
    for(j=0;j<9;j++)
        printf("%.2f",a[j]);

    return 0;
}
```

运行程序结果如下：

```
Please input 10 float:
```

```
45.1 29.0 66.5 -12.0 0.36 0.25 120.3 22.2 78.6 5.15
The sorted array:
120.30 78.60 66.50 45.10 29.00 22.20 0.36 0.25 -12.00
```

方法二：冒泡排序

冒泡排序的基本思想是依次比较相邻的两个数，将大数放在前面，小数放在后面。排序过程是，先比较第1个位置和第2个位置上的两个数，将大数放在第1个位置，小数放在第2个位置；然后比较第2个位置和第3个位置上的两个数，将大数放在第2个位置，小数放在第3个位置；如此比较下去，直到比较最后两个位置上的数，将大数放在倒数第2个位置小数放在最后位置。此时第一趟比较结束，最后位置上的数就是所有数中的最小数。重复以上的过程，仍从第一对数开始比较，将大数放在前小数放在后，一直比较到最后位置前面的一对数为止（最后位置上的数最小）。这样第二趟比较结束，倒数第二个数就是所有数中的次小数（也是第二趟比较中的最小数）。依次这样比较下去，直到最后一趟只比较第一对数，将大数放在前小数放在后，整个排序过程结束。

因为在上面的排序过程中，总是大数放前面，小数放后面，就好像水中气泡往上升一样，所以称之为冒泡排序。

下面以4个数为例，来说明冒泡排序的过程。

a[0]	a[1]	a[2]	a[3]	
3	4	5	7	
4	3	5	7	
4	5	3	7	
4	5	7	3	第一趟结束
5	4	7	3	
5	7	4	3	第二趟结束
7	5	4	3	第三趟结束

通过以上分析，可以看出对4个数用冒泡排序需进行三趟比较。每趟比较的次数分别为3次，2次，1次，共比较6次。

如果对10个数排序，用二重循环实现。外循环重复9次，内循环依次重复9次，8次，7次……1次。

冒泡排序的算法如下：

步骤1：输入10个数到数组a

步骤2：对数组a按降序排序

步骤3：输出排序后的数组a

其中步骤2可进一步细化为：

步骤2.1：for i=0 to 8

步骤2.2：   for j=0 to 9−i

步骤2.3：　　　如果a[j]<a[j+1]则交换a[j]与a[j+1]

交换数值时，需要一个中间量来暂时存放数据。

示例代码(c)如下：

```
#include <stdio.h>

int main(void)
{
    int i,j;
    float a[10],t;
    printf("Please input 10 float:\n");
    for(i=0;i<9;i++)
        scanf("%f", &a[i]);

    for(i=0;i<9;i++)
        for(j=0;j<9-i;j++)
            if(a[j]<a[j+1])
            {
                t=a[j];
                a[j]=a[j+1];
                a[j+1]=t;
            }

    printf("The sorted array:\n");
    for(j=0;j<9;j++)
        printf("%.2f",a[j]);

    return 0;
}
```

运行程序如下：

```
Please input 10 float:
45.1 29.0 66.5 -12.0 0.36 0.25 120.3 22.2 78.6 5.15
The sorted array:
120.30 78.60 66.50 45.10 29.00 22.20 0.36 0.25 -12.00
```

●●●● 5.2　二　维　数　组 ●●●●

C语言允许定义和使用任意维数的数组，除一维数组外，常用的还有二维数组。

5.2.1　二维数组的定义

定义二维数组的一般格式为：

类型标识符　数组名[常量表达式][常量表达式]；

说明：

（1）两个常量表达式分别用方括弧括起来。

（2）二维数组元素的下标也由 0 开始。

示例代码如下：

```
int a[3][4];
```

表示定义数组a为一个3×4的二维数组，共有3行4列，12个元素，每个元素的数据类型都是整型。数组a包含的元素分别为：

```
a[0][0]   a[0][1]   a[0][2]   a[0][3]
a[1][0]   a[1][1]   a[1][2]   a[1][3]
a[2][0]   a[2][1]   a[2][2]   a[2][3]
```

这些数组元素与数学中的矩阵元素相对应。定义二维数组时，第一个常量表达式表示矩阵的行数，第二个常量表达式表示矩阵的列数。例如int a[3][4];表示定义整型数组a，若按矩阵排列有3行4列。

与一维数组相同，二维数组中的每个元素都有相同的数据类型，而且占用连续的存储空间，数组名与这个连续空间的首地址相对应。一维数组的元素是按下标递增的顺序连续存放的；二维数组元素的排列是按行进行排列的，即在内存中先按第二个下标递增的顺序排列第一行元素，然后再按顺序存放第二行元素，依次排列到最后一行元素为止。例如上例定义的二维数组a中包含的元素，在内存中的排列顺序为：a[0][0]，a[0][1]，a[0][2]，a[0][3]，a[1][0]，a[1][1]，a[1][2]，a[1][3]，a[2][0]，a[2][1]，a[2][2]，a[2][3]。

C语言允许定义使用多维数组。有了二维数组的定义方法，类似地，也可以定义三维数组。示例代码如下：

```
int a[2][3][3];
```

表示定义了一个三维数组a，共有18个数组元素，分别为

```
a[0][0][0]      a[0][0][1]      a[0][0][2]
a[0][1][0]      a[0][1][1]      a[0][1][2]
a[0][2][0]      a[0][2][1]      a[0][2][2]

a[1][0][0]      a[1][0][1]      a[1][0][2]
a[1][1][0]      a[1][1][1]      a[1][1][2]
a[1][2][0]      a[1][2][1]      a[1][2][2]
```

在存储时，数组元素按上面的排列，一行一行连续地存储数组元素。

注意：第一，上面的二维数组和三维数组采用的存储方法称为行优先存储方法，这是C语言数组的存储方案，也有其他语言采用列优先存储方法。第二，不管是几维数组，在内存中都是顺序存储的，是一维的。

5.2.2 二维数组的引用

二维数组元素的表示形式如下：

```
数组名[下标表达式][下标表达式]
```

其中，两个下标表达式分别用方括弧括起来，下标表达式可以是整型变量或整型常量及表达式，示例代码如下：

```
float a[3][2];
```

数组a有6个元素，分别用a[0][0]，a[0][1]，a[1][0]，a[1][1]，a[2][0]，a[2][1]表示。

```
// 将1.23赋值给数组元素a[0][1]
a[0][1]=1.23;
// 将数组元素a[0][1]的值除以2再赋值给a[1][0]
a[1][0]=a[0][1]/2;
```

数组元素可以出现在表达式中，也可被赋值。在使用时要注意数组元素的下标值不要超出定义的范围。如果定义"float a[3][2]；"，则再引用数组元素时，数组a可用的最大行下标为2，最大列下标为1。若引用时出现a[3][2]，则超出数组定义的范围。

如果从键盘输入二维数组元素的值，一般要用双重循环。可采用两种方式：一种是按行输入方式，即先输入第1行，再输入第2行，然后第3行，第4行……；另一种是按列输入方式，即先第1列，然后第2列……。根据程序的需要，可采用不同的输入方式。

按行的方式从键盘输入数组a的每个元素的值，示例代码如下：

```
for(i=0;i<3;i++)
    for(j=0;j<2;j++)
        scanf("%f",&a[i][j]);
```

按列的方式从键盘输入数组a的每个元素的值，示例代码如下：

```
for(j=0;j<2;j++)
    for(i=0;i<3;i++)
        scanf("%f",&a[i][j]);
```

例5-7 从键盘输入一个4×4的矩阵，并按矩阵形式输出。

示例代码如下：

```
#include <stdio.h>

int main(void)
{
    int i,j,a[4][4];
    printf("Please input array(4x4):\n");
    for(i=0;i<4;i++)
        for(j=0;j<4;j++)
            scanf("%d",&a[i][j]);

    printf("output:\n");
    for(i=0;i<4;i++)
    {
        for(j=0;j<4;j++)
            printf("%d ",a[i][j]);
        printf("\n");
    }

    return 0;
}
```

运行程序结果如下：

```
Please  input  array(4x4):
1 2 3 4
2 4 6 8
3 6 9 12
4 8 12 16
output:
1 2 3 4
2 4 6 8
3 6 9 12
4 8 12 16
```

因为矩阵有4行4列，所以在输出完一行时用printf()函数换行。

5.2.3　二维数组元素的初始化

与一维数组类似，二维数组元素的初始化，可用下述几种方法。

（1）可将所有元素的初值写在花括弧内，将按元素排列顺序依次给各数组元素赋初值，示例代码如下：

```
int a[2][3]={1, 2, 3, 4, 5, 6};
```

数组a经上述初始化之后，每个数组元素分别被赋初值a[0][0]=1，a[0][1]=2，a[0][2]=3，a[1][0]=4，a[1][1]=5，a[1][2]=6。

这种初始化方式也可以只为部分数组元素赋初值，示例代码如下：

```
int b[2][3]={1, 2, 3};
```

则数组元素b[0][0]=1，b[0][1]=2，b[0][2]=3，其余元素初值自动设定为0。

（2）按行对二维数组元素赋初值。将初值按行的顺序排列，每行都用花括弧括起来，各行之间用逗号隔开，示例代码如下：

```
int a[2][3]={{1, 2, 3}, {4, 5, 6}};
```

这种初始化方式，也可以只为每行的部分元素赋初值，示例代码如下：

```
int b[3][4]={{1}, {0, 2}, {0, 0, 3}};
```

初始化之后，数组b各元素的值排列如下：

```
1 0 0 0
0 2 0 0
0 0 3 0
```

（3）省略第一维长度的初始化方法，若对全部数组元素都赋初值，则定义数组时对第一维的长度（即行数）可以不指定，但必须指定第二维的长度，示例代码如下：

```
int a[2][3]={1, 2, 3, 4, 5, 6};
```

等价于

```
int a[ ][3]={1, 2, 3, 4, 5, 6};
```

系统会根据右边花括号中值的个数及列数分配存储空间，共6个数据项，每行3列，所以共有2行。

如果对部分数组元素初始化时，也可以采用这种方式，示例代码如下：

```
int a[ ][3]={1, 2, 3, 4};
```

此时，数组的行数相当于省略了2。

采用按行进行部分及全部初始化时，也可省略第一维的长度，示例代码如下：

```
int  a[ ][4]={{1}, {0, 1}, {0, 0, 1}};
int  b[ ][3]={{1, 1, 2}, {0, 1, 1}, {0, 0, 1}};
```

编译时编译器可根据初始化值的行数确定数组a的第一维的长度是3。

拓展思考5.1

二维数组初始化时使用按行初始化（赋值号右边有两层花括号）方式很直观，也很容易理解，然而使用顺序初始化（赋值号右边只有一层花括号）的依据是什么？

5.2.4 二维数组举例

例5-8 从键盘输入一个5×5的整数矩阵，找出其中最小值并输出。

分析：用一个二维数组存放矩阵元素，变量min存放最小值。

示例代码如下：

```
#include <stdio.h>

int main(void)
{
    int i,j,min,a[5][5];
    printf("Please input 5x5 array:\n");
    for(i=0;i<5;i++)
        for(j=0;j<5;j++)
            scanf("%d",&a[i][j]);
    printf("\n");
    min=a[0][0];
    for(i=0;i<5;i++)
        for(j=0;j<5;j++)
            if(min>a[i][j])
                min=a[i][j];
    printf("min = %d",min);

    return 0;
}
```

运行程序结果如下：

```
Please  input  5x5  array:
0 2 3 4 5
1 9 3 8 2
5 12 0 0 1
5 45 3 1 1
9 0 6 4 9

min = 0
```

例 5-9 从键盘输入一个 5×5 的整型矩阵，找出主对角线上元素的最大值及其所在行号并输出。

分析：用 5×5 的二维数组 a 来存放矩阵元素，用 max 存放最大值，用 row 存放行号。

矩阵中主对角线元素的两个下标相同，所以只需找出 a[1][1]，a[2][2]，a[3][3]，a[4][4]，a[5][5] 中最大值即可。

示例代码如下：

```
#include <stdio.h>

int main(void)
{
    int i,j,max,row,a[5][5];
    printf("Please input 5x5 array:\n");
    for(i=0;i<5;i++)
        for(j=0;j<5;j++)
            scanf("%d",&a[i][j]);
    printf("\n");
    max=a[0][0];
    for(i=0;i<5;i++)
        if(max<a[i][i])
        {
            max=a[i][i];
            row=i;
        }
    printf("max=%d, row=%d\n",max,row);

    return 0;
}
```

运行程序结果如下：

```
Please input 5x5 array:
4  6  5  1  3
2  45  987  3  16
0  -2  -999  0  0
0  1  56  4  2
8  76  44  55  -96

max=45, row=1
```

例 5-10 从键盘输入年、月、日，计算该日是这一年的第几天。

分析：年、月、日分别用变量 year、month、day 表示，天数用变量 days 表示，并设变量 leap 表示是否闰年。

示例代码如下：

```
#include <stdio.h>

int main(void)
{
```

```
int year,month,day,days,leap,i ;
int m[ ][13]={{0,31,28,31,30,31,30,31,31,30,31,30,31},
              {0,31,29,31,30,31,30,31,31,30,31,30,31}};
printf("Input year, month, day:\n");
scanf("%d%d%d", &year, &month,&day);
leap=0;
if(year%4==0&&year%100!=0||year%400==0)
    leap=1;
days=day;
for(i=0;i<month;i++)
    days=days+m[leap][i];
printf("days = %d\n",days);

return 0;
}
```

运行程序结果如下：

```
Input year, month, day:
2022 5 17
days = 137
```

●●●● 5.3　字　符　数　组 ●●●●

字符数组是用来存放字符数据的数组，数组中每个元素存放一个字符。同其他类型的数组一样，字符数组可以是一维的，也可以是多维的。

5.3.1　字符数组的定义

一维字符数组的定义方式为：

```
char 数组名[常量表达式];
```

二维字符数组的定义方式为：

```
char 数组名[常量表达式][常量表达式];
```

示例代码如下：

```
char a[5];      // 定义一个一维字符数组，包含有5个元素
char b[3][5]; // 定义一个二维字符数组，包含有15个元素(3行5列)
```

5.3.2　字符数组的引用

可以引用字符数组的一个元素，得到一个字符，与其他类型数组的引用形式类似，示例代码如下：

```
char a[5];
a[0]='h';
a[1]='e';
a[2]='l';
a[3]='l';
a[4]='o';
```

因为char型变量只能存放一个用单引号括起来的字符，所以每个元素只能存放一个字符型数据，如图5-2所示。

a[0]	a[1]	a[2]	a[3]	a[4]
h	e	l	l	o

图 5-2　字符型变量的存储

5.3.3　字符数组的初始化

字符数组也可在定义时为其元素赋初值，示例代码如下：

```
char ch[5]={'h', 'e', 'l', 'l', 'o'};
```

表示为每个数组元素赋初值：从ch[0]到ch[4]依次为'h''e''l''l''o'。将五个字符分别赋初值给五个数组元素。

若花括弧中字符个数大于数组长度时，则按语法错误处理。若初值个数（字符个数）小于数组长度时，则将这些字符赋值给数组的前几个元素，其余的数组元素自动被赋初值为空字符（'\0'）。如：

```
char a[6]={'a', ' ', 'b', 'o', 'y'};
```

数组初值如图5-3所示。

a[0]	a[1]	a[2]	a[3]	a[4]	a[5]
a		b	o	y	\0

图 5-3　字符数组初值的存储

若初值个数与定义的字符数组长度相等时，可省略数组长度，系统会自动根据初值个数确定数组长度，示例代码如下：

```
char a[ ]={'a', ' ', 'b', 'o', 'y'};
```

数组a的长度自动定为5。

字符数组的另一种初始化方式是，直接用字符串常量对字符数组初始化，示例代码如下：

```
char a[10]="abcde";
```

此时a[0]到a[4]的值分别为'a''b''c''d''e'，a[5]到a[9]的值均为'\0'。

注意：一方面，由于字符串常量在存储时，会自动加'\0'，所以 char a[] = "abcde"; 相当于省略了长度6。另一方面，如果字符串常量长度超出字符数组长度，编译器不会做语法检查，例如"char a[4] = "abcde";"，此时 a[0] 到 a[3] 的值分别为'a''b''c''d'。

例5-11 从键盘输入由5个字符组成的单词，判断输入的单词是不是happy，并给出提示信息。

分析：将"happy"存入字符数组test，从键盘输入的单词存入字符数组buffer，并将两个数组的元素一一比较，设一标志flag，若相同，则标志flag=0，若不同则flag=1，并根据flag的值输出不同提示信息。

示例代码如下：

```c
#include <stdio.h>

int main(void)
{
    char test[]={'h', 'a', 'p', 'p', 'y'};
    char buffer[5];
    int i,flag;
    for(i=0;i<5;i++)
        buffer[i]=getchar();
    flag=0;
    for(i=0;i<5;i++)
    {
        if(buffer[i]!=test[i])
        {
            flag=1;
            break;
        }
    }
    if(flag)
        printf("This word isn't happy!");
    else
        printf("This word is happy!");

    return 0;
}
```

运行程序结果如下：

```
happy
This word is happy!
```

5.3.4 字符串及输入输出函数

字符串的概念很明确，就是若干字符的序列。C语言中，字符串常量在语法层面表示为用双引号引住若干字符，在存储层面是将这些字符存储之后，再存入一个特殊字符'\0'。而在应用层面，也是以'\0'作为重要标志。但遗憾的是，C语言没有字符串变量的概念，但是人们将存有'\0'这个特殊字符的字符数组可以当作"字符串变量"来使用。字符串在计算机程序设计中应用十分广泛。下面讲解字符串输入输出函数。

1. 字符串输出函数

定义一个数组ch，示例代码如下：

```c
char ch[10] = "hello";
```

则数组的前5个元素依次为'h''e''l''l''o'，第6个到第10个元素均为'\0'，如图5-4所示。使用语句"printf("%s", ch);"和"puts(ch);"，可以将字符串ch输出。读者可以将这两个语句中的ch理解为字符数组（字符串）首元素ch[0]的地址。printf()函数中如果有"%s"这个格式控制符，还需要有一个相应的地址参数，printf()函数功能就是输出该地址开始的每个字符，直到遇到字符'\0'为止；puts()函数功能也是输出该地址开始的每个字符，直到遇到字符'\0'为止。

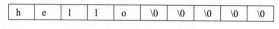

图5-4　字符数组的存储

2. 字符串输入函数

定义一个数组ch，示例代码如下：

```
char ch[10];
```

则"scanf("%s", ch);"与"gets(ch);"均可实现从键盘输入字符串。例如从键盘输入"guanyu"，按【Enter】键，数组ch中就保存有这6个字符了。但是如果从键盘输入"guan yu"，按【Enter】键，这两个函数就有区别了，gets()函数能够将"guan yu"这7个字符都保存在数组ch中，而scanf()函数仅仅将guan这4个字符保存在数组ch中。

拓展思考5.2

如果字符串末尾没有存储'\0'，则在处理字符串时会出现什么后果？

●●●● 习　　题 ●●●●

5.1 单选题

（1）若有int a[10]；则对数组元素的正确引用是（　　　）。

    A．a[10]　　　　　　B．a[3.5]　　　　　　C．a(5)　　　　　　D．a[10-10]

（2）以下是对一维数组a进行初始化的语句，错误的是（　　　）。

    A．int a[4] = {1};　　　　　　　　　　B．int a[4] = {1,2};

    C．int a[ ] = {1,2,3,4};　　　　　　　D．int a[4] = {0}*4;

（3）下面程序段的运行结果是（　　　）。

```
#include <stdio.h>
int main(void)
{
    char a[]="abc\\0abc" ;
    printf("%s", a);
    return 0;
}
```

    A．abc\0abc　　　　B．abc\　　　　　　C．abc\\0abc　　　　D．abc

（4）下面程序的运行结果是(以下u代表空格)（　　　）。

```
int main(void)
{
    char s[10]; s="abcd";
    printf("%s\n",s);
    return 0;
```

```
}
```

　　A. abcd　　　　　　B. a　　　　　　　C. abcduuuuuu　　　　D. 编译不通过

　　5.2 输入三十个数 a1，a2，a3，…，a30，按下面公式计算所有的 *x* 与 *y*。

　　　　$x1=a1+2*a2+a3$，　$x2=a4+2*a5+a6$，…，$x10=a28+2*a29+a30$

　　　　$y1=a1*a30$，$y2=a2*a29$，…，$y10=a10*a21$

　　5.3 输入一串字符，以 '？' 结束，分别统计其中每个数字 0，1，2，…，9 出现的次数。

　　5.4 输入 a1，a2，a3，…，a20，将它们从小到大排序后输出。

　　5.5 输入 a1，a2，a3，…，a20，将它们从小到大排序后输出，并给出现在每个元素所对应的原来次序。

　　5.6 编写一程序，将一维数组 A 中的 10 个数按逆序存放，并显示输出。如原来顺序为 1，3，5，7，…，19。按逆序存放后为 19，…，7，5，3，1。

　　5.7 求二维数组（6 行 6 列，数据由用户输入）中最大元素的值及其行列号，并输出结果。

　　5.8 插入排序（在输入数据时排序），按从小到大的顺序排列。顺序输入 20 个数，将第一个数放入数组的第一个元素中。以后读入的数与已经存入数组的数进行比较，确定这个数在按升序排列的数列中的位置，将该位置及其后面的数依次向后移一个位置，将新读入的数据存入该位置。这样数组中的数总是按升序排列的。

　　5.9 约瑟夫问题。*m* 个人围成一圈，从第一个人开始报数，数到 *n* 的人出圈（退出游戏）。再由下一个人开始重新报数，数到 *n* 的人出圈，…。输出依次出圈的人的编号。人数 *m* 预先确定，*n* 值由键盘输入。例如 *m* = 8，*n* = 5，则依次出圈的人的编号是 5，2，8，7…。

　　5.10 输入 100 个整数，实现以首元素为界，比它小的都在它前面，比它大的都在它后面。

　　5.11 求一个 4×4 矩阵对角线元素之和。

　　5.12 找出一个二维数组中的鞍点，即该位置上的元素在该行最大，在该列最小。如果没有鞍点，输出提示信息，若有鞍点则输出其位置（所在行数与列数）。

　　5.13 输入矩阵 A（3 行 4 列）和矩阵 B（4 行 5 列），求矩阵 A×B 得到的新矩阵 C，并输出。

　　5.14 从键盘输入 5 行 5 列的方阵 A、B，求方阵 A 与 B 的和与积并输出。

　　5.15 打印输出奇数阶"幻方"。幻方是一个方阵，它的每一行、每一列和对角线上的数之和都相等。例如，有 3 行 3 列的幻方为

8	1	6
3	5	7
4	9	2

　　5.16 编写程序，首先输入一个 N 阶方阵，之后判断方阵 a[N][N] 是否关于主对角线对称（相等），若对称则返回 1，否则返回 0。

　　5.17 输入一字符串，分别统计出其中英文字母、数字以及其他字符的个数。

　　5.18 编写代码实现功能，将数组 a 中存放的 10 个元素逆置存放。要求如下：

　　（1）数组中的元素通过键盘输入。

　　（2）输出逆置后数组中的元素。

5.19 大整数加法。问题描述：计算用户输入的两个大整数相加的和，并输出结果。

运行效果：

请输入第1个大整数：12345678912345
请输入第2个大整数：12345678912345
输出结果：12345678912345 + 12345678912345 = 24691357824690

要求：

（1）不考虑负数情况（即两个大整数均为正数）。

（2）假设两个加数的位数相同且不超过 20 位，其和不超过 21 位。

（3）定义三个字符数组用于数据的输入和输出，不得利用整数类型直接做加法运算。

5.20 将两个已知有序的数组合并为一个新的有序数组。两个数组为 int arr1[4] = {3,6,9,11}；int arr2[5] = {1,3,8,45,89};，要求合并时要去除数组中的重复数据。数组合并之后按顺序进行输出。

5.21 有 n 个整数，使前面各数顺序向后移动 m 个位置，最后的 m 个整数变成最前面的 m 个整数，编写代码实现以上功能。

第6章

指　针

学习目标

（1）理解指针及指针变量的概念。

（2）掌握指针变量的定义、初始化方法。

（3）能够正确使用指针进行数据的间接操作。

（4）了解数组名字与指针常量等价的事实。

（5）学会使用指针访问数组元素。

指针是C语言的一个重要概念，它既可以增加编程的灵活性，也可以有效地表示复杂的数据结构，正确而灵活地运用指针是对C语言编程者的基本要求。因此往往把指针称为C语言的灵魂，不掌握指针，就不能算是真正掌握C语言。同时由于指针的灵活性也造成了使用中的困难，稍不注意就会出现错误结果，对尚无明确指向的指针的进行操作，甚至会导致程序崩溃，因此使用指针时要小心慎重。

本章将从指针相关概念及指针变量定义、指针运算、指针与数组、指针与字符串、特殊指针及const修饰符等几方面展开讨论。希望读者运用分析比较和上机实践等手段，真正掌握指针的用法。

●●●● 6.1　相关概念及指针变量定义 ●●●●

变量就是一块内存及该内存中保存的值。一般来说，一个变量有三个方面的性质，即变量名、变量地址和变量值。例如，程序代码"int a=3;"执行之后，假定系统为该变量分配起始地址为0X000012AB的4个字节的内存，并且该内存中存储的数值是3，如图6-1所示。

a

3

0X000012AB

图6-1　变量 a 的内存示意图

指针即地址。指针（地址）也可以存储在另外一个变量中，这个变量被称为保存指针的变量，即指针变量，有时也称为指针。例如，有代码"int *p=&a;"则系统会为指针变量p分配起始地址为0X000012CD的4个字节的内存，并且该内存中存储的数值是0X000012AB，如图6-2所示。

上面两个例子中，0X000012AB与0X000012CD是两个变量的地址，它们是指针常量，指针变量p则是用于存放另一变量a的地址的变量。因此以后讨论"指针"这个术语时，读者要根据上下文，区分"指针"这个概念是指针常量还是指针变量。另外，为了便于理解，人们常常将指针变量p保存了另一变量a的地址的这个事实更形象地表达出来，如图6-3所示。称指针变量p，或者指针p指向变量a。

 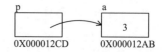

图6-2　变量 p 的内存示意图　　　　图6-3　变量 p 与 a 的关系的内存示意图

变量的地址用运算符"&"+变量名表示，上面例子中变量a的地址用"&a"表示，变量p的地址用"&p"表示，称&a为一级指针，&p为二级指针。&a用变量p来保存，那么&p用什么样的变量存呢，可以定义为"int **q; "，这里的q可以保存&p。相应的，p为一级指针变量，q为二级指针变量。例子中，"int * p"中的"int*"和"int ** q"中的"int **"分别为指针变量p和q的类型。

总结：保存变量地址（指针）的指针变量如何定义呢？这其实等价于要确定指针变量的类型。指针变量的类型就可以看成是它要保存的某个变量的地址的类型，一个变量的地址的类型就是该变量的类型+"*"。读者按照这个规则定义多少级指针都没问题。但是实践中，二级指针就已经够用了。

● ● ● ● 6.2　指 针 运 算 ● ● ● ●

C语言中，可以使用各种运算符对各种数据对象进行运算，指针也不例外，由于指针与地址相关，所以指针相关的运算与基本数据类型对象不同。本节针对指针的相关运算进行讲解。

6.2.1　取址运算

运算符号"&"，C语言程序支持通过取地址符号"&"获取变量的地址，其语法形式如下：

```
&变量名
```

例6-1 输出变量的地址值。

```c
#include <stdio.h>

int main(void)
{
```

```
    int a=3;
    int *p=&a;
    printf("变量a的地址: %p\n",&a);
    printf("变量p的值: %p\n",p);

    return 0;
}
```

运行程序结果如下:

```
变量a的地址: 00AFFEB0
变量p的值: 00AFFEB0
```

很明显，两者的输出是一样的，但是读者也应该明白，由于系统给变量a分配内存的具体位置无法事先预知，所以每个人运行的输出结果可能不一样，但是这两个输出值一定是相等的。

6.2.2 指针间接访问

运算符号"*"，C语言程序支持通过指针间接访问符号"*"获取指针所指的对象，其语法形式如下:

```
*指针
```

注意: 此处指针既可以是地址，也可以是指针变量名。

例6-2 用指针间接输出变量的值。

```
#include <stdio.h>

int main(void)
{
    int x=3;
    int *p=&x;
    int y=*p;
    int **q=&p;
    printf("x的值: %d\n",x);
    printf("*p的值: %d\n",*p);
    printf("**q的值: %d\n",**q);
    printf("y的值: %d\n",y);

    *p=5;
    printf("x的值: %d\n",x);
    printf("*p的值: %d\n",*p);
    printf("**q的值: %d\n",**q);
    printf("y的值: %d\n",y);

    return 0;
}
```

运行程序结果如下:

```
x的值: 3
*p的值: 3
```

```
**q的值：3
y的值：3
x的值：5
*p的值：5
**q的值：5
y的值：3
```

讨论：*指针的含义有两个，第一，指针所标记的内存单元，例如*p=5;就相当于将5存储在p所标记的内存单元（名字叫x的内存单元）中。第二，指针所标记的内存单元的值，例如int y=*p;就相当于将p所标记的内存单元（名字叫x的内存单元）中的值3取出来赋给变量y。

运算符"*"是右结合的，表达式**q，要先考虑右边的*q，由于*q相当于p，所以表达式**q相当于*p。运算符"&"也是右结合的，并且它与运算符"*"是互逆运算，例6.2中，*&p等价于p，&*p也等价于p。*&x等价于x。但是&*x是错误的表达方式，原因是x不是指针变量，运算符"*"与"&"又是右结合的，*x是错误的，&*x也不对。

特别提醒初学者，不能将这里的运算符"*"和定义指针变量时数据类型中的"*"弄混了，例如，"int * p=&x;"这里的int *是一个整体，是p的类型，这个语句的含义是要创建一个指针变量p，并将变量x的地址存放在变量p中。"int * p=&x;"这一个语句相当于"int * p; p=&x;"两个语句。

6.2.3　指针的其他运算

除了取地址和间接访问之外，指针相关的运算还包括指针比较运算、指针与整数加减运算、指针自增或自减运算、两个指针的减法运算等。

指针的比较运算包括"=="、"!="、"<"、"<="、">"、">="等六种运算，前两种比较容易理解，即当两个指针的值相同，也就是说两个指针指向同一变量时，他们相同，否则他们不相同。后面四种运算一般在两指针指向同一数组中的元素时，才有意义。

例6-3 指针的比较运算。

```c
#include <stdio.h>

int main(void)
{
    int x=3,y=4;
    int *p=&x,*q=&y;
    if(p!=q)
    {
        printf("p,q指向了两块不同的内存区域\n");
    }
    p=q;
    if(p==q)
    {
        printf("p,q指向了两块相同的内存区域\n");
    }
```

```
    return 0;
}
```

运行程序结果如下：

p,q指向了两块不同的内存区域
p,q指向了两块相同的内存区域

当两个指针指向同一数组中的元素时，他们是可以进行大小比较的。

例 6-4 指针的大小比较。

```
#include <stdio.h>

int main(void)
{
    int arr[10];
    int *p=&arr[3];
    int *q=&arr[6];
    if(p<q)
        printf("p比q小\n");
    else
        printf("p不比q小\n");

    return 0;
}
```

运行程序结果如下：

p比q小

下面的例子，读者可以了解指针与整数的运算规则。

例 6-5 指针与整数的运算。

```
#include <stdio.h>

int main(void)
{
    int x=3;
    int *p=&x;
    printf("p = %p, *p = %d\n",p,*p);
    p++;
    printf("p = %p, *p = %d\n",p,*p);
    p--;
    printf("p = %p, *p = %d\n",p,*p);
    p--;
    printf("p = %p, *p = %d\n",p,*p);

    return 0;
}
```

运行程序结果如下：

p = 00DAF9E4, *p = 3

```
p = 00DAF9E8, *p = -858993460
p = 00DAF9E4, *p = 3
p = 00DAF9E0, *p = -858993460
```

分析：指针与整数1进行加减时，并不是对这个指针值进行加减1，而是加减1个"单位"值，这个"单位"值就是指针所指的变量所占内存的大小（例子中是4）。另外，如果一个指针保存的是一个孤立的变量的地址，而没有指向数组的某个元素时，指针减1，相当于得到该孤立变量的前一个变量的地址；指针加1，相当于得到该孤立变量的后一个变量的地址。这样的操作往往是无意义的，所以一般只有指针指向数组中的某个元素时，才将指针与整数进行运算。

例6-6 指针指向数组元素时进行相减运算。

```c
#include <stdio.h>
int main(void)
{
    int arr[10];
    int *p=&arr[3];
    int *q=&arr[6];
    printf("q-p=%d\n",q-p);
    return 0;
}
```

运行程序结果如下：

```
q-p=3
```

分析：当两个指针分别指向数组中的元素时，指针相减的值，其实标识的是这两个指针间相隔几个数据元素。

●●●● 6.3 指针与数组 ●●●●

在学习本节内容之前，需要读者先记住几个结论。如果定义了一个一维数组，例如有"int arr[10]; "。首先，在大多数场合该数组名字就相当于数组首元素的地址，即arr与&arr[0]等价。其次，&arr表示整个数组的地址。再次，arr[i]与*(arr+i)等价（i不越界的情况下）。最后，如果有"int *p=arr; "则arr[i]、*(arr+i)、p[i]、*(p+i)这四个表达式等价。

例6-7 数组及元素地址的验证。

```c
#include <stdio.h>

int main(void)
{
    int a[5]={11, 12, 13, 14, 15};
    printf("&a[0] = %p\n",&a[0]);
    printf("&a[0]+1 = %p\n",&a[0] + 1);
    printf("a   = %p\n",a);
    printf("a+1 = %p\n",a + 1);
```

```
    printf("&a   = %p\n",&a);
    printf("&a+1 = %p\n",&a + 1);

    return 0;
}
```

运行程序结果如下：

```
&a[0]    = 009EFE58
&a[0]+1 = 009EFE5C
a   = 009EFE58
a+1 = 009EFE5C
&a   = 009EFE58
&a+1 = 009EFE6C
```

分析：要弄明白这个例子，读者首先要回忆指针加一个整数"1"的运算规则，即指针的值加上该指针所标记的那个对象的大小（对象所占字节数）。之后容易验证数组名字与数组首元素地址等价的事实，以及&a表示整个数组的地址的表达方式。

读者也许会思考整个数组的地址如何保存呢？肯定也需要定义一个指针变量才行。对于例6.7中的&a，可以定义int (*pp)[5]来保存它，显然，这个pp就是专门用来保存元素类型是int，长度是5的数组的地址的，简称保存数组地址的指针，或者叫指向数组的指针，简称数组指针。

拓展思考6.1

读者可以思考一下，指针+整数的含义是什么？

例6-8　用数组名字和下标访问数组元素。

```
#include <stdio.h>

int main(void)
{
    int a[4]={1,2,3,4};
    int *pa=a,i;
    for(i=0;i<4;i++)
    {
        printf("a[%d]:%d\n",i,a[i]);
    }
    for(pa=a,i=0;i<4; i++)
    {
        printf("pa[%d]:%d\n",i,pa[i]);
    }

    return 0;
}
```

运行程序结果如下：

```
a[0]:1
a[1]:2
```

```
a[2]:3
a[3]:4
pa[0]:1
pa[1]:2
pa[2]:3
pa[3]:4
```

例6-9 用指针和偏移量访问数组元素。

```c
#include <stdio.h>

int main(void)
{
    int a[4]={1,2,3,4};
    int *pa,i;
    for(i=0;i<4;i++)
    {
        printf("*(a+%d):%d\n",i,*(a+i));
    }
    for(pa=a;pa<a+4;pa++)
    {
        printf("*pa:%d\n",*pa);
    }

    return 0;
}
```

运行程序结果如下：

```
*(a+0):1
*(a+1):2
*(a+2):3
*(a+3):4
*pa:1
*pa:2
*pa:3
*pa:4
```

对于二维数组与指针的关系，读者也需要弄明白，例如：

```c
int a[3][4]={{1,3,5,7},{9,11,13,15},{17,19,21,23}};
```

a代表二维数组的首地址，第0行的地址，a + i 代表第i行的地址；a[1]+2 代表a[1][2]的地址，*(a+1)+2也代表a[1][2]的地址，*(a[1]+2)代表a[1][2]或者13，*(*(a+1)+2)和*(*(a+1))[2]也代表a[1][2]或者13，

这些知识点读者在理解的基础上加以记忆，在多练习的基础上才能扎实掌握。

拓展思考6.2

对于下面代码

```c
int a[10]; int *p=a;
```

a[i] 与 *(p+i)(0 ≤ i ≤ 9) 是等价的，这是都知道的事实，如果 p=a+1，或者 p=a-1 呢，*(p+i) 又与谁等价？

●●●● 6.4 指针与字符串 ●●●●

读者可以考虑示例代码如下：

```
char *ps="We change lives";
int n=10;
ps=ps+n;
printf("%s\n",ps);
```

运行程序结果如下：

```
lives
```

例子中的字符串常量表示首字符'W'的地址；执行到"ps=ps+n;"之后，ps就保存字符'l'的地址了，因此，运行程序结果为lives。

如果有多个字符串，那么可以将其组织在一个数组中，这个数组就是专门用来存放字符串首字符地址的数组，也是指针数组。

例 6-10

```
#include <stdio.h>

int main(void)
{
    char *names[6]={"Guanyu", "Zhangfei",
                    "Zhaoyun", "Machao",
                    "Huangzhong", "Liubei"};
    char *temp;
    printf("%s %s\n",names[2],names[3]);
    temp=names[2];
    names[2]=names[3];
    names[3]=temp;
    printf("%s %s\n",names[2],names[3]);
    printf("\n");

    return 0;
}
```

运行程序结果如下：

```
Zhaoyun Machao
Machao Zhaoyun
```

●●●● 6.5 特殊指针及 const ●●●●

特殊指针有特殊的用途，const与指针结合可以让程序更严密、更富有逻辑性。下面对其进行讲解。

1. void*

void*是无类型指针，也称通用指针，这种类型的指针变量可以保存任意变量的地址，但是程序无法识别该类型指针所对应的内存大小及其值，因此，它主要是语法意义，而不能进行间接访问内存。

关于它的语法意义，读者可以留意第7章的堆区内存分配相关内容。

2. 空指针

空指针就是NULL，在stdio.h 中是一个宏名，是"0"的指针形式。它通常用来表示一种状态或者一种标识。

3. 野指针

如果一个指针变量没有确定的地址值，或者指针变量保存的地址值所对应的内存空间不属于当前程序，则称该指针变量为野指针。一般说来，野指针的形成原因有两个。

第一，定义指针变量时没有初始化，则系统一般会给其一个随机值。如果通过其间接访问内存，是不合理的。因此定义指针并将其初始化是一个良好习惯。

第二，指针变量保存的某块内存的地址，但是该内存已经不属于正在运行的程序了（例如，堆区的内存被释放了，或者栈区的内存生命周期结束了），这时如果通过其间接访问内存，也是不合理的。因此使用指针保存堆区内存地址时，如果堆区内存被释放之后，及时修改指针变量，使之保存一个特殊值（一般会置NULL）。

4. const

在定义变量时，如果某变量被const修饰，则该变量即为只读变量，例如，"int x = 5; const int y=10;"则变量x是普通变量，变量y是只读变量，也就是说，x还可以改变，y不能改变。"int * const p=&x;"变量p再也无法指向别的变量了。"const int *q = &x;"这个要求之后不能通过*q来间接修改变量x，但是x本身是可以修改的。其实，在定义指针时，在*之前加const是限制该指针的间接操作权限，对其所指对象的操作权限是没有影响的。

习　题

6.1 单选题。

（1）若有以下定义，则对数组 a 中元素地址的正确引用是（　　）。

```
int a[5],*p=a;
```

　　A. &a[0]　　　　　B. *a+1　　　　　C. &a+1　　　　　D. p+5

（2）下面选项中正确的赋值语句是（设 char a[5],*p = a;）（　　）。

　　A. p="abcd";　　　B. a="abcd";　　　C. *p="abcd";　　　D. *a="abcd";

（3）下列语句定义 p 为指向 float 类型变量 d 的指针，其中哪一个是正确的（　　）。

    A.　float d,*p=d;　　　　　　　　　B.　float d,*p=&d;

    C.　float d,p=d;　　　　　　　　　　D.　float *p=&d,d;

（4）已知某程序中有声明 "int a[4],j;" 及语句 "for(j=0;j<4;j++) p[j]=a+j;"，则标识符 p 正确的声明形式应为（　　）。

    A.　int p[4];　　　　　　　　　　　B.　int *p[4];

    C.　int **p[4]　　　　　　　　　　　D.　int (*p)[4];

（5）已知有如下语句：

```
int arr[2][3]={1,2,3,4,5,6};
int (*p)[3];
p = arr;
```

则数组元素 arr[1][2] 的地址不可以表达为（　　）。

    A.　*(arr+1)+2　　　　　　　　　　B.　arr[1]+2

    C.　*(p[1]+2)　　　　　　　　　　　D.　*(p+1)+2

6.2 试按以下要求编制一个程序。程序定义三个变量用于存贮读入的三个整数。另定义三个指向整型变量的指针变量，并利用它们实现将读入的三个整数按值从小到大顺序输出。

6.3 有一个二维数组 a，大小为 3×5，其元素为：

```
1   2   3   4   5
6   7   8   9   10
11  12  13  14  15
```

说明以下各量的意义：

```
a,  a+2,  a[0]+3,  (a+1),  (a+2)+1,
*(a[1]+2),  &a[1][2],  *(*(a+2)+1)
```

6.4 输入一个字符串，放到数组 str 中，用指针编写程序，求出字符串中空格的个数。

6.5 输入 10 个单词，每个单词不超过 9 个字符，将其按字典顺序排序后输出。

6.6 读程序，写结果。

```
#include<stdio.h>
int main(void)
{
    char s[]="ABCDE";
    char *p;
    for(p=s+4;p>=s;--p)
    printf("%s\n",p);
    return 0;
}
```

6.7 运行下面程序，分析结果。

```
#include <stdio.h>
int main(void)
{
int a[5] = {11, 12, 13, 14, 15};
```

```
printf("&a[0]    = %p\n",&a[0]);
printf("&a[0]+1 = %p\n",&a[0]+1);
printf("a       = %p\n",a);
printf("a+1 = %p\n",a + 1);
printf("&a      = %p\n",&a);
printf("&a+1 = %p\n",&a+1);
return 0;
}
```

6.8 分析下面 2 段程序的异同。

```
#include <stdio.h>
int main(void)
{
  int a[4]={1,2,3,4};
  int *pa=a,i;
  for(i=0;i<4;i++)
  {
    printf("a[%d]:%d\n",i,a[i]);
  }
  for(pa=a,i=0;i<4;i++)
  {
    printf("pa[%d]:%d\n",i,pa[i]);
  }
  return 0;
}

#include <stdio.h>
int main(void)
{
  int a[4]={1,2,3,4};
  int *pa,i;
  for(i=0;i<4;i++)
  {
    printf("*(a+%d):%d\n",i,*(a+i));
  }
  for(pa=a;pa<a+4;pa++)
  {
    printf("*pa:%d\n",*pa);
  }
  return 0;
}
```

第7章
函数和变量生命周期及作用域

学习目标

（1）理解函数的概念。

（2）掌握函数的定义、声明和调用。

（3）会用递归方法编写相应的程序。

（4）掌握常用的字符串处理函数。

（5）理解变量的生命周期与作用域的意义。

（6）掌握常用的动态内存分配函数。

在程序设计过程中，为了处理上的方便，通常是将一个大的任务（大的程序）分解成若干个较小的程序模块，每个模块都具有一定的功能，可分别由不同的程序员编写和调试程序。这种方法便于多人共同完成比较复杂的任务。所有的高级语言中都有子程序的概念，并用子程序来实现模块的功能。在C语言中，子程序的作用是由函数完成的。通常一个C语言程序由一个主函数和若干个函数组成。

●●●● 7.1　C语言程序结构 ●●●●

一个常见的C语言程序由m个头文件和n个源文件组成，每个源文件由k个函数组成。如图7-1所示。但是读者应该明白两点，第一，C语言程序中有且仅有一个main()函数，即如果$n>1$，C语言程序中，一定存在$n-1$个源文件不含有main()函数。第二，源文件是编译的基本单位，头文件不参与编译，头文件主要在预处理阶段被加入源文件中。

函数是C语言程序的一个基本组成部分，C语言程序的功能可以通过函数之间的调用来实现。一个完整的C语言程序可由一个或多个函数组成，由主函数来调用其他函数，其他函数之间也可以互相调用。同一个函数可以被一个或多个函数调用任意多次。

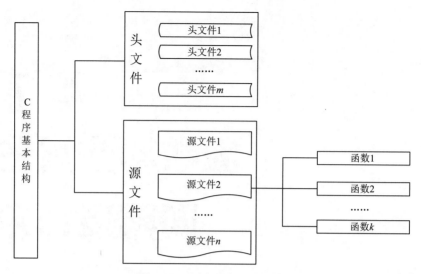

图 7-1　C 语言程序基本结构

下面通过一个简单的例子来说明 C 语言程序中有关函数的概念。

例 7-1　编写一个程序，求长方形的面积。

```
#include <stdio.h>

float area(float a, float b)
{
    float  s;
    s=a*b;
    return s;
}

int main(void)
{
    float  a,b,s;
    printf("Input  a, b: \n") ;
    scanf("%f%f",&a,&b);
    s=area(a,b);
    printf("s=%f",s);

    return 0;
}
```

说明：

（1）例 7.1 的程序中共有两个函数 main() 函数和 area() 函数。一个 C 语言程序由一个或多个函数组成，在这些函数中必须有且只有一个 main() 函数，称为"主函数"。无论 main() 函数位于程序的什么位置，可运行的 C 语言程序总是从 main 函数开始执行。一个 C 语言程序的源程序文件是一个编译单位，即以源程序为单位进行编译，而不是以函数为单位进行编译。

（2）C 语言程序中的函数没有从属关系，函数与函数之间都是互相独立、互相平行的。

一个函数不从属于另一个函数，函数之间可以互相调用，也可以嵌套调用，但不能嵌套定义。

（3）函数是通过调用来执行的，main() 函数可以调用任何一个函数，而其他函数不能调用 main() 函数，main() 函数是由系统调用的。

（4）程序中使用的函数可以分成两大类，一类是由系统提供的标准库函数，这种函数不需要用户定义即可使用，如 scanf() 函数和 printf() 函数等；另一类是用户自定义函数，以解决用户的特定问题，这种函数必须由用户先定义后才可使用，如例 7.1 中的 area() 函数。

●●●● 7.2　函 数 定 义 ●●●●

函数定义的一般形式为：

```
类型标识符  函数名(形式参数表)
{
    语句部分;
}
```

说明：

（1）函数名用来唯一地标识一个函数，它的命名规则与变量命名一样。在同一个 C 语言程序中，不同函数不能有相同的名字。

（2）形式参数，简称"形参"，用于函数间的数据传递。形式参数表可以是空的，也可以有多个，多个形参用逗号隔开。无论有无形参，都要用左、右圆括弧括起来。

（3）用花括弧括起来的语句部分称为函数体。该部分包括变量的定义及功能实现，功能实现由 C 语言程序的基本语句组成，是函数的核心部分。

（4）当函数有返回值时，应在函数名前面加上返回值的类型标识符，所说明的类型标识符也看作是函数的类型。当函数不需要返回值时，函数返回值类型为 void。

示例代码如下：

```
int min(int a, int b)
{
    int c;
    c=a<b?a:b;
    return c;
}
```

这是一个求 a 和 b 中最小值的函数，第一行中的第一个关键字int 表示函数类型为整型，即函数带回一个整型的返回值。min为函数名，圆括弧中有两个形参 a 和 b，均为整型，调用函数时把实际参数的值传递给形参 a 和 b。花括弧中是函数体。函数体中定义了一个整型变量 c，用来存放 a、b 中的最小值。return c; 的作用是将c的值作为函数值返回到主调函数。

读者特别留意一下，形式参数除了可以是普通变量、指针变量之外，还可以是数组，示例代码如下：

```
int test (int arr[10], int len)
```

```
{
    ...
}
```

其中，arr[10]相当于arr[]，原因是在编译时编译器将第一个参数看成是int * const arr，所以数组做参数时，一般会有一个长度参数。

●●●● 7.3　函数调用及声明 ●●●●

函数定义之后，其功能只有通过调用才能发挥出来。

函数调用的一般形式为：

函数名(实参表)

示例代码如下：

```
#include <stdio.h>

int add(int x, int y)
{
    return x+y;
}

int main(void)
{
    int a=3,b=4;
    printf("%d\n", add(a, b));
    return 0;
}
```

其中add()函数称为被调函数，main()函数称为主调函数。主调函数通过实参将数据传给被调函数，被调函数通过返回值将数据返回主调函数。

一般来说，函数调用有三种方式，第一，简单的函数语句，例如"add(3, 4);"。第二，作为表达式的一部分，例如"c = 10 * add(3, 4);"。第三，作为实际参数，例如"printf("%d\n", add(3, 4));"。

那么函数在调用的时候，在主调函数和被调函数之间是怎么进行参数传递、相互"交流"的呢？其实函数调用发生时，系统的处理机制如下：

（1）保护现场。

（2）系统给形式参数分配内存空间，并将实际参数复制到形式参数中（如果有的话）。

（3）系统开始执行被调函数。

（4）被调函数中如果有return语句的话，将其后面的值保存在一个可靠的地方，确保主调函数中的代码能够寻找到。

（5）被调函数执行完毕，释放由于这次函数调用在栈区分配的所有内存。

（6）恢复现场，系统继续执行主调函数。

读者可以分析下面的代码。

例 7-2 编写一个程序，实现函数调用机制。

```
void exchangeData(int a, int b)
{
    int c;
    c=a;
    a=b;
    b=c;
}

int main(void)
{
    int a=3,b=4;
    printf ("交换前: ");
    printf(" a = %d b = %d\n",a,b);
    exchangeData(a, b);
    printf ("交换后: ");
    printf(" a = %d b = %d\n",a,b);
    return 0;
}
```

运行程序结果如下：

```
交换前: a=3 b=4
交换后: a=3 b=4
```

而如果将exchangeData()函数修改为

```
void exchangeData(int *a, int *b)
{
    int c;
    c=*a;
    *a=*b;
    *b=c;
}
```

同时将主函数中的"exchangeData(a,b);"语句改为"exchangeData(&a,&b);"，则运行程序结果如下：

```
交换前: a=3 b=4
交换后: a=4 b=3
```

例 7-3 编写一个程序，使函数参数为数组。

```
#include <stdio.h>

void printArr(int p[10], int len)
{
    int i;
    for(i=0;i<len;i++)
    {
        printf("%d ",*(p+i));
    }
```

```
        printf("\n");
        return;
}

int main(void)
{
        int arr[10]={1, 2, 3, 4, 5, 6, 7, 8, 9, 0};
        printArr(arr, 10);
        return 0;
}
```

分析：该例子中的形式参数int p[10]就相当于一个指针，实际参数arr相当于&arr[0]。

截至目前，本文提到的函数调用，都是在函数调用语句所在的位置之前已经先定义函数，如果函数定义在调用之后，就需要先给出函数声明，然后才能进行函数调用。

例7-4 编写一个程序，程序中先给出函数声明。

```
#include <stdio.h>

int add(int x, int y);

int main(void)
{
        int a=3, b=4;
        printf("%d\n", add(a, b));
        return 0;
}

int add(int x, int y)
{
        return x+y;
}
```

分析：int add(int x, int y); 这一行代码就是函数声明代码，如果没有该行代码，编译器在对代码从上往下编译，当编译代码"printf("%d\n", add(a, b)); "时，它会不认识add()函数，导致编译失败。

7.4　递 归 函 数

C语言不允许嵌套定义函数，但可以嵌套调用函数。函数定义是互相平行、互相独立的，在定义函数时一个函数内不能包括另一个函数，函数和函数之间没有从属关系。函数A调用函数B，而函数B调用函数C，这就是函数的"嵌套调用"。函数的嵌套调用为自顶向下、逐步求精的设计方法，以及模块化的结构化程序设计技术提供了最基本的支持。

例7-5 求组合数 C_9^3 ， C_8^5 。

分析：求组合的公式为

$$C_m^n = m!/n!/(m-n)!$$

需要三次计算阶乘。因此又可以定义一个求阶乘的函数，计算公式为：

$$k! = 1×2×3×\cdots×k$$

示例代码如下：

```c
int fac(int n)
{
    int i;
    int f=1;
    for(i=1;i<n;i++)
        f=f*i;
    return f;
}

int cmn(int m, int n)
{
    int c;
    c=fac(m)/fac(n)/fac(m-n);
    return c;
}

int main(void)
{
    printf("C(9,3)=%8ld\n",cmn(9,3));
    printf("C(8,5)=%8ld\n",cmn(8,5));
    return 0;
}
```

运行程序结果如下：

```
C(9,3)=      168
C(8,5)=      105
```

从程序中可以看到：

（1）定义函数时，函数fac()、cmn()是相互独立的，相互之间没有从属关系。它们的类型均为int型。

（2）因为两个函数的定义在main()函数之前，因此不用在主函数中对这两个函数进行声明。

（3）程序的执行过程如图7-2所示。

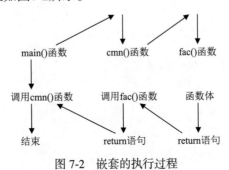

图 7-2　嵌套的执行过程

在调用一个函数的过程中，出现直接或间接地调用该函数本身，称之为函数的递归调用。函数的递归调用有两种形式，一种是直接递归调用，即一个函数可以直接调用该函数本身，如图7-3所示。另一种是间接递归调用，即一个函数可以间接地调用该函数本身，如图7-4所示。

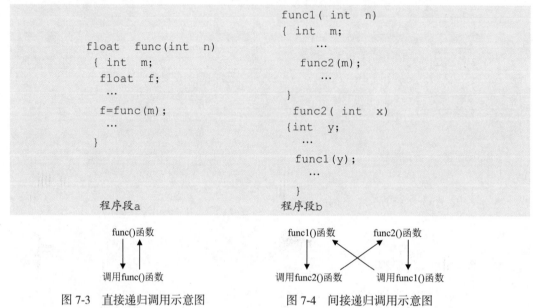

图 7-3　直接递归调用示意图　　　　图 7-4　间接递归调用示意图

函数可以递归调用是C语言程序的重要特点之一。当一个问题具有递归关系时，采用递归调用处理方式，会使所要处理的问题变得简单化。问题的求解可通过降低问题规模实现，而小规模的问题求解方式与原问题的一样，小规模问题的解决导致问题的最终解决。这是用递归函数解决问题的基本要求，换句话说，递归函数必须包括两部分，第一，递归部分（有些问题属于递推部分），第二，递归出口，即问题有已知解，或者问题不需要解决了。

例7-6 从键盘输入一非负整数n，并求出n!的值。

分析：以前求$n!=1 \times 2 \times 3 \times \cdots \times n$，用for语句实现。现在换一个角度来看，由于$n! = n \times (n-1)!$，因此求$n!$有递归关系。例如：$5!=5 \times 4!, 4!=4 \times 3!, 3!=3 \times 2!, 2!=2 \times 1!$，而$1!=1$。那么，求$n!$可以用下面的递归公式：

$$n! = \begin{cases} 1 & (n=0,1) \\ n(n-1)! & (n>1) \end{cases}$$

若求阶乘用此公式，程序将得到简化。

示例代码如下：

```
long int fac( int  n)
{
    long int f;
    if(n<=1)
```

```
        f=1;
    else
        f=n*fac(n-1);
    return f;
}

int main(void)
{
    int  n;
    long int  f;
    printf("Please  input  a  integer  number: \n");
    scanf("%d",&n);
    f =fac(n);
    printf("%d! =%ld",n,f);
    return 0;
}
```

运行程序结果如下：

```
Please  input  a  integer  number:
5
5! =120
```

以上函数递归调用的执行和返回情况，可以借助图7-5来说明。

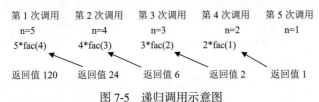

图 7-5　递归调用示意图

　　执行程序时，执行main()函数中的f=fac(n)，n=5，引起第1次函数调用。进入函数后，形参n=5，需要计算5*fac(4)。

　　为了计算fac(4)，引起对函数fac(n)的第2次函数调用。重新进入函数，形参n=4，需要计算4*fac(3)。

　　为了计算fac(3)，引起对函数fac(n)的第3次函数调用。重新进入函数，形参n=3，需要计算3*fac(2)。

　　为了计算fac(2)，引起对函数fac(n)的第4次函数调用。重新进入函数，形参n=2，需要计算2*fac(1)。

　　为了计算fac(1)，引起对函数fac(n)的第5次函数调用。重新进入函数，形参n=1，这时执行f=1，完成第5次调用，带回返回值fac(1)=1，返回调用处（即回到第4次函数调用）。

　　计算2*fac(1) =2*1 =2，完成第4次函数调用，带回返回值fac(2) =2，返回调用处（即回到第3次函数调用）。

　　计算3*fac(2) =3*2 =6，完成第3次函数调用，带回返回值fac(3) =6，返回调用处（即回到第2次函数调用）。

计算4*fac(3) =4*6 =24，完成第2次函数调用，带回返回值fac(4) =24，返回调用处（即回到第1次函数调用）。

计算5*fac(4) =5*24 =120，完成第1次函数调用，带回返回值fac(5) =120，返回调用处（即回到主函数）。

例7-7 编写一个程序，用递归方法求解数组元素和。

```c
#include <stdio.h>

int sumArr(int p[],int len)
{
    int i;
    if(len==0)
        return 0;
    else
        return p[len-1]+sumArr(p,len-1);
}

int main(void)
{
    int arr[10]={1, 2, 3, 4, 5, 6, 7, 8, 9, 0};
    int sum=sumArr(arr, 10);
    printf("sum=%5d\n",sum);
    return 0;
}
```

运行程序结果如下：

```
sum=   45
```

分析：该递归函数sumArr()的递归出口就是，当数组长度为0时，元素和自然为0。而递归部分是一个长度为len，起始地址为p的数组元素和等于最后元素p[len-1]加上一个长度为len-1，起始地址为p的数组元素和。

需要注意的是，递归方法既有优点又有缺点，它可以使复杂的问题变得简单化，而且程序简短、清晰，但是运行时间长，占用较多的存储空间。此外，并不是所有问题都适合用递归方法去解决。

拓展思考7.1

上面的例子中，求阶乘与求数组元素和均可使用循环来实现，读者思考一下，这些能够用循环解决的问题，具有什么特点，读者能否找到一个不能用循环来实现只能用递归来实现的例子？

●●●● 7.5　字符串处理函数 ●●●●

根据日常编程使用频率及篇幅实际，本书仅介绍求字符串长度、字符串拷贝、字符串拼接及字符串比较等4个常用字符串处理函数。

1. 求字符串长度

```
int strlen(const char* str)
{
    int count=0;
    while (*str!='\0')
    {
        count++;
        str++;
    }
    return count;
}
```

strlen()函数用于计算字符串的长度。函数的返回值为字符串中实际长度（第一个'\0'之前的字符的个数），不包括'\0'在内。示例代码如下：

```
char str[10]={"Computer"};
printf("%d",strlen(str));
```

运行程序结果是8，而不是9。

strlen()函数也可直接计算字符串常量的长度，例如"strlen("China")"的值是5。

2. 字符串拷贝

```
char* strcpy(char* des, const char* source)
{
    char* r=des;
    while((*r++=*source++)!='\0');
    return des;
}
```

strcpy()函数的作用是将source标识的字符串复制到字符数组des中。

说明：

（1）字符数组 des 的长度应不小于字符串 source 的长度。

（2）des 需要标识一块可用的空间，例如字符数组，source 则既可以是字符数组（包含'\0'）也可以是字符串常量。

（3）复制时，字符串末尾的'\0'字符一起被复制到字符数组中。

利用strcpy()函数可以方便地复制一个字符串，示例代码如下：

```
char str2[ ]="string";
char str1[7];
...
strcpy(str1, str2);
```

它将str2字符串"string\0"复制到str1字符数组中。

3. 字符串拼接

```
char* strcat(char* dest, const char* src)
{
    char* rest=dest;
```

```
    while(*dest!='\0')
    {
        dest++;
    }
    while(*dest++=*src++) ;
    return rest;
}
```

说明：

（1）dest 字符数组必须足够长，以便容纳 dest 与 src 中的全部内容。

（2）连接时，将字符数组 dest 字符串后面的 '\0' 字符去掉，只保留字符串 src 最后面的 '\0' 字符。

示例代码如下：

```
char  str1[20]="Hello";
char  str2[10]="China";
...
strcat(str1, str2);
```

将str2字符串连接到str1字符串的后面，函数调用后，str1字符数组中的字符串为"HelloChina"。

4. 字符串比较

```
int strcmp(const char* str1, const char* str2)
{
    while(*str1==*str2)
    {
        if(*str1=='\0')
        {
            return 0;
        }
        str1++;
        str2++;
    }
    if(*str1>*str2)
        return 1;
    else
        return -1;
}
```

在对字符串进行比较时，将两个字符串的对应字符逐个进行比较（按字符的ASCII码大小比较），直到出现不同字符或遇到 '\0' 字符为止。若字符串中的对应字符全部相同，则认为两个字符串相等，返回值为0；否则，以第一个不相同的字符的比较结果作为整个字符串的比较结果，如果str1中的字符大，则返回1，否则返回-1。示例代码如下：

```
char ch[10]="abc", str[20]="abcd";
int  r;
...
```

```
r = strcmp(ch, "abc");
```

则r的值为0，如果有"r = strcmp(ch, str);"，则r的值为–1。

字符串常用函数一般的集成开发工具都已经实现，读者在编程时只需要增加预处理指令"#include<string.h>"即可使用这些函数。

● ● ● ● **7.6 变量的生命周期与作用域** ● ● ● ●

变量的生命周期是指系统为变量分配内存到回收内存的这段时间，它分为静态生存周期和本地生存周期，前者指变量内存的回收是在程序终止时进行，后者指变量内存的回收是在变量所在的模块执行结束时进行。

例 7-8 编写一个程序，使读者理解变量生命周期。

```
#include <stdio.h>

int x=3;
void foo(void)
{
    int a=3;
}

int main(void)
{
    int i=0;
    printf("x = %d\n",x);
    for(i=0;i<3;i++)
    {
        int j=1;
    }
    return 0;
}
```

分析：例7.8中，变量x是静态生命周期，在程序开始的时候，系统为其分配内存，直到程序结束时回收该变量。变量a，i，j是本地生命周期，它们是在程序执行到变量定义的语句时，系统为其分配内存，在将变量所在的语句块（变量前面的离变量最近的左大括号到对应的右大括号）执行完毕时，回收该变量。

变量的作用域是指变量在能够被访问的代码区域。变量可以分为仅能够在某一代码块内（变量的定义位置到该变量前面的离变量最近的左大括号对应的右大括号之间）使用的变量，即局部变量，也有教材称为自动变量，和能够在整个文件甚至整个程序中使用的变量，即全局变量。特别说明，C语言规定同一作用域内，不允许存在同名变量，但是同名变量可以出现在不同作用域内，此时，小作用域变量对大作用域变量具有屏蔽作用，即同名的大作用域变量在重叠作用域内是被屏蔽的，如图7-6所示。在该代码中，第二个定义的x的作用域比第三个x的作用域大，即第二个x的作用域包含了第三个x的作

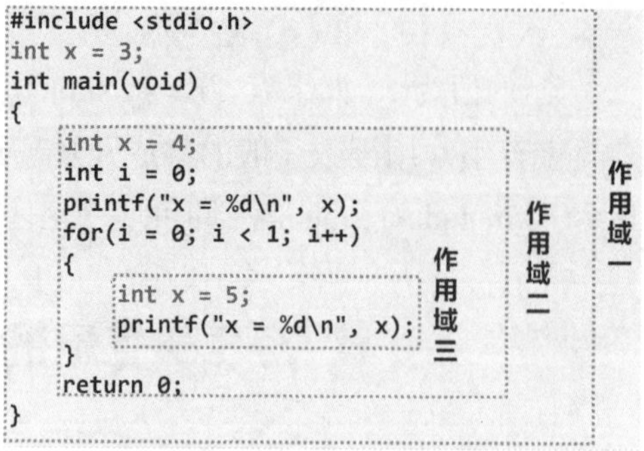

用域，那么在它们的重叠区内，第二个x是不可见的。

读者也要注意两个与变量息息相关的关键字extern和static。两种都可以影响全局变量的作用域范围，static还可以影响局部变量的生命周期。extern可以将全局变量的作用域从本文件范围扩展到整个程序范围，即全局变量不仅可以在定义它的那个文件可用，在它所在的程序中的其他文件也可用。在定义全

```
#include <stdio.h>
int x = 3;
int main(void)
{
    int x = 4;
    int i = 0;
    printf("x = %d\n", x);
    for(i = 0; i < 1; i++)
    {
        int x = 5;
        printf("x = %d\n", x);
    }
    return 0;
}
```
作用域一　作用域二　作用域三

图 7-6　变量作用域示意图

局变量时，如果加上static关键字，则该全局变量只能在它所在的文件中有效，不能对其进行作用域范围扩展了。而定义局部变量时加上static关键字，则该局部变量的生命周期就延长了，系统为它分配内存的时间不变，到整个程序允许结束时，系统才回收该静态局部变量的内存。

例 7-9 编写一个程序，使读者理解静态局部变量。

```c
#include <stdio.h>

int foo1(void)
{
    static int x=0;
    x++;
    return x;
}

int foo2(void)
{
    int n=0;
    n++;
    return n;
}

int  main(void)
{
    int y=0;
    y=foo1();
    y=foo1();
    y=foo1();
    printf("in foo1 %d\n",y);

    y=foo2();
    y=foo2();
    y=foo2();
    printf("in foo2  %d\n",y);

    return 0;
```

```
}
```

运行程序结果如下：

```
in foo1 3
in foo2  1
```

分析：函数foo1()中的"static int x = 0;"是静态局部变量，第一次执行该语句的时候，系统为变量x分配内存并初始化。再次调用foo1()函数时，"static int x = 0;"这个语句就不需要执行了，直接执行语句x++；系统在整个程序运行结束时回收为x分配的内存。而函数foo2()中的变量n是普通的局部变量，每次调用foo2()时，系统为n分配内存，foo2()的一次调用结束时，系统回收变量n，所以，例子中的静态局部变量x在整个程序运行期间只有一个空间，而局部变量n分配了3次，回收了3次。

7.7　返回值为指针的函数及指向函数的指针

如果一个函数的返回值是指针类型，则该函数可以称为指针函数，不过读者切记不能返回局部变量的地址，因为函数指向结束之后，局部变量被系统回收，这时返回被回收内存的地址，将为整个程序带来麻烦。在实践中，可以返回全局变量的地址，而用得最多的是返回堆区内存的地址，动态内存分配函数就是一个例子。

一个程序将操作系统分配的内存空间分为五个区域，即：栈区、堆区、全局区、代码区、文字常量区。这五个区域的用途和性能是不同的。

根据函数是否自己定义，可以将函数分为自定义函数及库函数。其实库函数都是已经很熟练的库函数，例如printf()函数，scanf()函数等。库函数中有一类函数可以自己分配内存，本节主要介绍用于动态内存分配的2个标准库函数malloc()函数和calloc()函数，1个用于内存回收的free()函数。

1. malloc()函数

函数原型

```
void* malloc(size_t size);
```

函数中size参数为分配内存的字节数。若内存分配成功，该函数返回指向分配区域起始地址的void类型指针；若分配不成功，则返回NULL。

示例代码如下：

```
int *p=(int *)malloc(1*sizeof(int));//必须进行强转
if(NULL==p) //必须检测内存是否分配成功
{
    printf("内存分配失败!\n");
}
```

2. calloc()函数

函数原型

```
void* calloc( size_t num, size_t size);
```

函数中num参数为所分配内存的块数，size参数为所分配内存的每块的字节数。若内存分配成功，该函数返回指向分配区域起始地址的void类型指针；若分配不成功，则返回NULL。

calloc()和malloc()函数区别：

- calloc分配完毕后该内存所有内容都被初始化为0

3. free()函数

函数原型

```
void free(void * _Memory);
```

函数中_Memory参数为要释放的内存块的指针。

说明：

（1）释放由malloc()或calloc()申请的内存块。

（2）释放后的内存区能够分配给其他变量使用。

对于堆区内存分配的三个函数的使用提醒，第一，使用malloc()函数、calloc()函数分配的内存一定要用free()函数释放。第二，用malloc()函数、calloc()函数进行内存分配，一定要判断成功与否。第三，malloc()函数、calloc()函数的返回值是void类型，一定要根据需要进行强制类型转换。第四，三个函数的声明在stdlib.h头文件中，在用到这些函数时应当用"#include<stdlib.h>"命令，把stdlib.h头文件包含到程序文件中。

前面讲函数调用时，说过被调函数可以作为主调函数的实际参数，例如"printf("%d\n", add(3, 4));"。

拓展思考7.2

请读者思考一下，主调函数的形式参数是什么样的呢？

这就需要一个"变量"来接收（被调）函数调用语句，这个"变量"就是能够保存函数起始地址的指针，也称指向函数的指针。例如int (*p)(char *arr, int len)，这个指针p就专门用来保存返回值为int，有两个参数且第一个参数是char *类型，第二个参数是int类型的函数的地址。

●●●● 习 题 ●●●●

7.1 单选题

（1）已知有函数 f() 的定义如下：

```
int f ( int a,int b)
{  if(a<b) return(a,b); else return(b,a);}
```

则在 main() 函数中若调用函数 f(2,3)，得到的返回值是（　　）。

    A．2   B．3   C．2和3   D．3和2

（2）下面程序的运行结果是（　　）。

```
int main(void)
{
    char s[]="ABCD", *p;
    for(p=s+1;*p--;p++)
    printf("%s\n",p++);
    return 0;
}
```

 A. 死循环   B. BCD   C. ABCD   D. ABCD

           CD   BCD   BCD

           D   CD   CD

                           D

（3）函数调用 strcat(strcpy(str1,str2),str3) 的功能是（　　）。

 A. 将串 str1 复制到串 str2 中后再连接到串 str3 之后

 B. 将串 str1 连接到串 str2 之后再复制到串 str3 之后

 C. 将串 str2 复制到串 str1 中后再将串 str3 连接到串 str1 之后

 D. 将串 str2 连接到串 str1 之后再将串 str1 复制到串 str3 中

（4）若有以下调用语句，则不正确的 fun() 函数的首部是（　　）。

```
int main(void)
{ …
int a[50],n;
…
fun(n, &a[9]);
…
}
```

 A. void fun（int m, int x [ ] ）   B. void fun（int s, int h [50] ）

 C. void fun（int p, int *s ）   D. void fun（int n, int a ）

（5）以下 printf() 函数的输出结果是（　　）。

```
printf("%d\n",strlen("happy\063day"));
```

 A. 5   B. 11   C. 12   D. 9

7.2 编写递归函数计算 Fibonacci 数列的第 n 个数的值（n 由用户输入）。

7.3 输入 a, b, c，按公式计算 m。已知

$$m = \frac{\max(a,b,c)}{\max(a+b,b,c) \times \max(a,b,b+c)}$$

将求三个数的最大数 max（x, y, z）定义成函数。

7.4 编写一个程序，从键盘输入两个整数，求它们的最大公约数和最小公倍数。其中求最大公约数和最小公倍数分别由函数实现。

7.5 计算 s。已知

$$s = 10! + 7! \times 8!$$

将求 $n!$ 定义成函数。

7.6 编写函数 int search(int a[],int n, int x)，在长度为 n 的数组 a 中，统计值为 x 的元素个数，并编写 main() 函数，在 main() 函数中定义长度为 10 的数组，输入数组元素及要查找的 x 的值，调用函数，统计其中值为 x 的个数，并输出结果。

7.7 利用随机数函数计算 π 的值。将随机数的前后两个值（均在 0 ~ 1 之间）作为点的 x、y 坐标。统计 1 万个点中，落入半径为 1 的四分之一圆内的点数 n，从而计算出四分之一圆的面积 s（$s = n/10\ 000$）。又知四分之一圆的面积为 $\frac{\pi}{4}r^2 = \frac{s}{4}$，由此即可算出 π 的值。

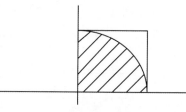

7.8 分析下列函数的功能。

```
void  stod (int n)
{ int  i;
  if (n<0)
  {
    putchar ('—');
    n=-n;
  }
  if ( (i=n/10)!=0)
      stod (i);
  putchar (n%10 +'0');
}
```

7.9 分析下列函数的功能。

```
# include "stdio.h"
void  delete()
{
  char  c, d;
  c=getchar();
  d=getchar();
  while(c! ='*'||d! ='/')
  {
    c=d;
    d=getchar()
  }
}
```

7.10 编写一个函数，用于判断给定字符串的长度。

7.11 编写一个函数，用于比较两个字符串是否相等。

7.12 编写一个函数，使给定的字符串反序存放。

7.13 编写一个函数，其功能是在数组中找出最大值然后与第一个交换。例如数组 arr[]={9,45,3,2,4,99,100,12}，则经过 f(arr,8) 调用，变成 arr[]={100,45,3,2,4,99,9,12}。已知函数原型为：void f(int *p,int len)，请写出该函数的完整定义。

7.14 编写一个函数，输入一个 5 位数，输出这 5 个数字字符，且输出时字符与字符间用空格隔开。

7.15 编写一个函数，由实参传来一个字符串，统计字符串中的字母、数字和其他字符的个数，在主函数中输入字符串和输出上述统计结果。

7.16 编写一个函数，由实参传来一个十六进制数，函数返回相应的十进制数。

7.17 用递归法将一个整数 n 转换为字符串。如输入整数 126，则输出字符串"126"。其中 n 的值不确定，可以是任意位数的整数。

7.18 编写一个函数，由给出的年、月、日，计算该日是这一年的第几天。其中形参为年、月、日，返回值为天数。

7.19 八皇后问题。要求在 8×8 的国际象棋棋盘上摆放 8 个皇后，使其不能互相攻击。即任意两个皇后不能处于棋盘上的同一行、同一列和同一斜线上，试求出所有符合要求的布局。试用递归方法解答。

7.20 跳马问题。在 5×5 的棋盘上，从第一行第一列的位置出发，按日字跳马，要求不重复地跳经所有位置。求出符合要求的所有跳马方案中的前 2 个方案及总方案数。用递归方法解答。

7.21 读程序写结果，并分析原因。

```c
#include <stdio.h>
void swap(int a,int *b)
{   int t=a;
    a=*b;
    *b=t;
}
int main(void)
{   int a=3,b=4;
    printf("before swap:a=%d,b=%d\n",a,b);
    swap(a,&b);
    printf("after swap:a=%d,b=%d\n",a,b);
}
```

7.22 有 5 个人坐在一起，问第 5 个人多少岁？他说比第 4 个人大 2 岁。问第 4 个人岁数，他说比第 3 个人大 2 岁。问第 3 个人，他说比第 2 个人大 2 岁。问第 2 个人，他说比第 1 个人大 2 岁。最后问第 1 个人，他说是 10 岁。请问第 5 个人多少岁？

7.23 写函数 void fun(char s1[], char s2[])，将字符串 s2 连接到 s1 后边(不能用 strcat() 函数)，并编写 main() 函数，调用 fun() 函数。

例如，s1：This is a boy!　s2：That is a girl!

结果 s1 为：This is a boy! That is a girl!

第8章
结构体及其应用

学习目标

（1）了解结构体类型的本质。

（2）理解结构体类型与结构体变量的区别。

（3）掌握结构体类型定义方法、结构体变量的定义方法、结构体成员的访问方法。

（4）了解共用体的相关语法。

（5）熟练掌握结构体的应用（结构体数组、链表）。

前面讲解的数据都是基本数据类型，例如"int no;""char name[20];""float score;"等，这些数据都是孤立的，不方便表达一个整体信息。如果想表达一个学生的信息，且学生信息恰好仅由学号、姓名和分数组成的话，就可以将这三个数据组织在一起，形成一个新类型，即结构体类型。

本章主要围绕结构体类型与结构体变量的概念及定义方法，结构体成员访问方法等基本语法，结构体变量内存分配方法、结构体应用（结构体数组与链表）以及共用体和枚举等方面进行讲述。

••••• 8.1 结构体基本语法 •••••

结构体类型是一种新构造的数据类型，可以把相同或者不同类型的数据整合在一起。这些数据称为该结构的成员，或者叫分量、域等。结构体类型定义语法如下：

```
struct 标识符
{
    数据类型 成员名1;
    数据类型 成员名2;
    ......
    数据类型 成员名n;
};
```

该语法中，struct是关键字，"struct 标识符"是结构体类型的名字。结构体类型名的下面是一对大括号，里面的成员由类型及名称组成，它们之间用分号隔开。结构体类型的最后有个分号。

以一个简单的学生类型为例，假定学生类型由学号（no）、姓名（name）和分数（score）组成，则该结构类型定义如下：

```
struct Student
{
    int no;
    char name[20];
    float score;
};
```

其中，结构体类型名字是struct Student，它由3个成员no，name，score组成。

注意：

（1）结构体类型与整型、浮点型等基本类型类似，它仅仅是一个类型。

（2）结构体类型定义之后，就相当于有一个模板，它告诉编译系统该类型有哪些成员组成，成员各自类型是什么，以及将来的结构体变量按什么规则存储等。

（3）结构体成员还可以是已经定义的结构体类型，但不能是他自身的类型。

（4）结构体类型还可以用 typedef 重新命名。

这里介绍一下typedef的用法，typedef是将一个类型重新命名的关键字，语法格式如下：

```
typedef   原来类型名   新类型名；
```

示例代码如下：

```
typedef struct Student STU;
```

或者在定义结构体类型的时候对该类型进行重命名。

```
typedef struct Student
{
    int no;
    char name[20];
    float score;
} STU;
```

结构体类型定义之后，程序拥有了一个新的类型，此时系统既没有为它分配内存空间，程序也不能用它来存放具体数据。只有用该类型定义变量之后，数据才能有空间存放。此处先讲解结构体变量的定义方式，之后再讲解结构体成员的访问方式。

1. 定义结构体类型时定义结构体变量

示例代码如下：

```
struct Complex
{
    double real;
    double imag;
} op1,op2;
```

```
struct
{
    double real;
    double imag;
} op3;
```

读者特别注意下面这种定义结构体变量的方式，该方式只能定义一个结构体变量op3，之后该结构体类型就不能再用来定义其他变量了，原因是该结构体类型没有名字。

2. 先定义结构体类型，再定义结构体变量

```
struct Complex
{
    double real;
    double imag;
};

struct Complex op4, op5;
```

当然，如果认为结构体类型名称struct Complex比较烦琐，也可以用typedef对其进行重新定义。

定义结构体类型的指针，与定义基本类型的指针是一样的，示例代码如下：

```
struct Complex *p;
```

在定义结构体变量的时候可以按照成员的顺序和类型对成员整体初始化。示例代码如下：

```
struct Complex c1 = {1.4, 2.5};
```

定义结构体变量后，只能在同类型的不同变量之间相互赋值，或者单独给成员变量赋值。

示例代码如下：

```
struct Complex c1={1.4, 2.5};
struct Complex c2, *p ;
c2=c1;
c2.real=2.4;
c2.imag=1.5;
p=&c2;
p->real=4.4;
(*p).imag=5.5;
```

通过这个例子，我们总结访问结构体变量的成员方法有两种。一是利用变量名引用成员，格式为：变量名.成员名；二是利用指向结构体类型的指针引用成员，格式为：指针名->成员名。

●●●● 8.2 结构体变量内存对齐规则 ●●●●

结构体变量一经定义，系统就为其分配存储空间，那么一个结构体变量究竟要占多

少内存空间呢，笼统的回答就是结构体各成员所占空间加上可能的成员间空隙及最后一个成员之后的空隙。本书将成员间的空隙大小规定和最后一个成员后的空隙大小规定称为内存对齐。

先讨论成员之间的空隙有无及大小规定。

（1）判断结构体成员的大小是否小于等于对齐系数，小于等于执行到2，否则到3。

（2）判断预存放结构体成员的首地址相对于结构体首地址的偏移量是否是本成员大小的整数倍，若是则存放本成员，否则到4。

（3）判断预存放结构体成员的首地址相对于结构体首地址的偏移量是否是对齐系数的整数倍，若是则存放本成员，否则到4。

（4）在本成员和上一个成员之间填充一定的空字节以达到整数倍的要求再存放本成员。

再讨论最后一个成员后有无空隙及空隙大小规定（也称整体对齐）：

（1）判断结构体成员中最大成员的大小是否小于等于对齐系数，小于等于执行到2，否则到3。

（2）判断结构体各成员对齐后长度之和（各成员所占空间+成员间可能填充的空字节）是否是最大成员大小的整数倍，是则不进行整体对齐，否则到4。

（3）判断结构体各成员对齐后长度之和（各成员所占空间+成员间可能填充的空字节）是否是对齐系数的整数倍，是则不进行整体对齐，否则到4。

（4）在最后一个成员后填充一定的空字节以达到整数倍的要求，整体对齐完成。

说明：

（1）可以使用伪指令 #pragma pack (n) 设置对齐系数，n =（1，2，4，8，16）。例如：#pragma pack (4)，系统将按照 4 个字节进行对齐。

（2）当结构体中某成员为数组时，则在处理结构体的对齐时，该成员数组在求整数倍关系时使用数组类型的大小。

（3）当结构体中某成员为结构体时，则在处理结构体的对齐时，该成员结构体在求整数倍关系时使用该成员结构体中最大成员的大小。

（4）结构体内存对齐的好处是便于成员寻址，坏处是内存浪费（存在空字节），另外不同的编译器、平台，对齐方式会有变化。

例 8-1 结构体变量内存分配。

```
struct S1
{
    char c1; //1字节
    int a;   //4字节
    char c2; //1字节
};

int main(void)
```

```
{
    struct S1 x;
    printf("%d\n", sizeof(x));

    return 0;
}
```

运行程序结果如下：

```
12
```

拓展思考 8.1

读者可以思考一下，计算机为什么要设计这个内存对齐机制呢？

•••● 8.3 结构体数组 ●•••

与基本数据类型一样，也可以定义结构体数组，用来标识一系列的连续数据。与基本数据类型的数组不同的是，结构体数组的每个元素均是"结构体"，对结构体数组各个元素的成员访问时，尤其要小心。

结构体数组的定义格式为（设已对结构体类型进行定义）：

```
struct 结构体名 结构数组名[元素个数];
```

示例代码如下：

```
struct student stud[10];
```

则stud数组中10个元素均为struct student类型。

同理，也可在定义结构体名的同时定义结构数组。

结构体数组的初始化可在定义的同时进行。

示例代码如下：

```
struct
{
    int num;
    char name[10];
    int sub1;
    int sub2;
}

stud[3]={{12, "Lihua", 67, 89},
         {13, "Wanli", 78, 86},
         {14, "Qijia", 89, 96}};
```

结构体数组的引用一般指引用最低级成分，即引用数组元素的最低级成员。

引用格式为：

```
结构数组名[下标].成员名
```

示例代码如下：

```
stud[0].num=12;
```

也可由指向结构数组元素的指针来引用结构数组成分。

示例代码如下：

```
struct student stud [10], *pt;          // 定义pt
pt=stud;                                // 初始化pt指针
pt->num=12;                             // 与stud[0].num=12; 等价
pt++;                                   // 指向下一结构类型元素
pt->num=13;                             // 与stud[1].num=13; 等价
```

例 8-2 利用结构体数组进行学生成绩管理。

```c
#define MAX 3
struct student
{   char name[20];
    int subj[3];
    float aver;
};

int main(void)
{
    struct student stud[MAX], *pt;
    int i,j;
    pt=stud;
    for(i=0;i<MAX;i++)
    {
        scanf ("%s", stud[i].name);
        getchar();
        for (j=0;j<3;j++)
            scanf ("%d",&stud[i].subj[j]);
    }

    for(i=0;i<MAX;i++)
    {
        int sum=0;
        for(j=0;j<3;j++)
            sum+=stud[i].subj[j];
        stud[i].aver=sum/3;
    }

    for(i=0;i<MAX;i++)
    {
        printf( "%10s", stud[i].name);
        for(j=0;j<3;j++)
            printf( "%4d", stud[i].subj[j]);
        printf("%7.2f", stud[i].aver);
        printf("\n");
    }
```

```
    return 0;
}
```

假设输入以下内容。

```
zhangsan 60 70 80
lisi 70 90 80
wangwu 60 80 100
```

运行结果如下：

```
zhangsan  60  70  80  70.00
    lisi  70  90  80  80.00
  wangwu  60  80 100  80.00
```

●●●● 8.4 链　表 ●●●●

　　链表就是用一组任意的存储单元存储线性表的数据元素（这组存储单元可以是连续的，也可以是不连续的）。那么，元素之间的逻辑关系怎么在计算机中得到体现呢？在保存各个元素的时候，还要保存该元素和其他元素的关系。通常的做法是，保存任何一个元素的时候同时保存它下一个元素的位置（最后一个元素，没有下一个元素，所以，这个"位置"用特殊值表示），其中，元素和其下一个元素的位置，一般将之看成一个整体，命名为结点。结点包括两部分，元素所在的部分，称数据域；下一个元素的位置，称地址域或指针域。可以从整个链表中的任何一个结点出发，找到其后面的所有结点。这就是单链表，如图8-1所示，L是头指针，一个普通的指针变量，它用来标识整个链表，在该图中，（b）为链表在内存中的示意图，但是将来读者在描述链表的时候大多采用（a）这种形式。a1所在的结点，称为首元素结点。

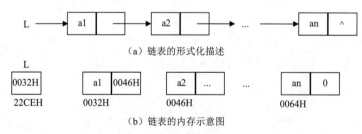

图 8-1　链表的存储示意图

　　图8-1中结点可以用C语言的结构体来描述，其中Node是结点类型，LinkList是结点的地址类型。

```
typedef struct LNode{
    int data;
    struct LNode *next;
} Node, *LinkList;
```

"LinkList L;"指针变量L标识链表的开始，保存"第一个节点"的地址。并且一般来说，用保存第一个结点地址的指针变量（头指针）来标识一个链表。

对链表进行的操作主要有遍历链表、创建链表、查找元素、插入元素、删除元素等。说明：下面的介绍均是基于结构体类型Node和结构体指针类型LinkList。

1. 遍历链表

所谓遍历链表，就是对链表中的结点或者数据元素"从头到尾"访问一遍。注意这里的"访问"含义很丰富，例如，打印数据元素、数结点个数、对数据元素进行累加等。

```c
void visit(LinkList h)
{
    while(h!=NULL)
    {
        printf("%d\n", h->data);
        h=h->next;
    }
}
```

上面的函数功能是，只要给它一个指针，它就能依次输出该指针所标记的链表中的各个元素。只要对其稍加修改，就能实现其他功能，例如，设计算法计算链表中正元素和。

```c
int calculate(LinkList h)
{
    int sum=0;
    while(h!=NULL)
    {
        if(h->data>0)
            sum+=h->data;
        h=h->next;
    }
    return sum;
}
```

2. 创建链表

上面介绍的链表遍历，是基于链表已经存在的前提。这里介绍一种创建链表的方法，使用者提供一个"结点个数或者元素个数n"，然后依次输入n个整型元素，该方法在堆区创建一个链表，并将首结点地址返回给使用者。

```c
LinkList create(int n)
{
    int i=0;
    LinkList h=NULL;
    for(;i<n;i++)
    {
        LinkList p=(LinkList)malloc(sizeof(Node));
        scanf("%d",&(p->data));
        p->next=h;
        h=p;
```

```
    }
    return h;
}
```

该方法特点是每次输入的数据均放在链表的最前面，所以也称之为尾插法生成链表。示例代码如下：

```
int main(void)
{
    LinkList head;
    head=create(5);
    visit(head);
    return 0;
}
```

运行程序，假设输入以下内容。

```
11
22
33
44
55
```

则运行结果如下：

```
55
44
33
22
11
```

3. 查找结点

链表中的结点查找可以分为找第几个结点和查找某值在不在链表中两种。前者称为按序查找，后者称为按值查找。

下面函数功能是查找链表l中的第i个结点，如果存在，则返回该结点的地址，否则返回空标志NULL。

```
LinkList lookfor(LinkList l,int i)
{
    // 将p指向链表的头结点
    Node *p=l;
    int j=0 ;
    // 如果i<0，则代表i的值不合法，返回空标志NULL
    if(i<0)
    {
        return NULL;
    }
    /*  如果p指针没有指向空（这意味着输入的i值没有大于链表的长度），同时j<i（限定
链表的长度）*/
    while(p!=NULL&&j<i-1)
    {
        p = p->next;
```

```
        j++;
    }
    // 查找完毕后返回p指针
    return p;
}
```

下面函数功能是查找链表l中有没有值为e的结点，如果存在，则返回该结点的地址，否则返回空标志NULL。

```
LinkList lookfor(LinkList l, int e)
{
    Node *p = l; //将p指向第一个有元素的结点
    while(p!=NULL&&p->data!=e)
    {
        p=p->next;
    } //如果p不为空同时结点不匹配,则后移结点
    return p; //找到p后返回
}
```

4. 插入结点

前面介绍的创建链表是通过逐个添加结点实现的，相当于结点插入的特殊情况，即插在链表最前端的情况。实际上结点插入可以在链表的任意位置进行。由于单向链表中的结点只能找到其后继结点，因此要确定插入结点的位置，即插在哪两个结点之间，须设一指针记住考察过的结点的地址，如图8-2所示。

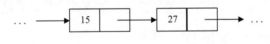

（a）元素23插入之前

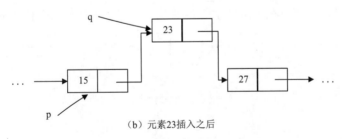

（b）元素23插入之后

图 8-2　在链表中插入结点示意图

一般来说，在链表中插入结点需要三步。

步骤1：首先查找插入位置之前的结点p（前驱节点）。

步骤2：构造新结点，"q =(Node *)malloc(sizeof(Node))"并给其数据域赋值。

步骤3：插入，"q ->next = p->next; p->next = q;"。

例8-2 将元素e构造成结点，插入到第i个结点之前（即为第i个结点）。如果i小于1或i大于表长度+1，则使之成为第一个结点。

```
Node *  insert(Node * L, int i, int e)
```

```
{
    Node *s, *p;
    int j;
    s=(Node *)malloc(sizeof(Node));
    s->data = e;
    p=L;
    if(i>1)
    {
        for(j=1;p!=NULL&&j<i-1;j++)
        p=p->next;
    }
    if(i<=1||p==NULL)
    {
        s->next = L;
        return s;
    }
    else
    {
        s->next = p->next;
        p->next = s;
        return L;
    }
}
```

5. 删除结点

在链表中删除结点要区分所删除元素是否为首结点，如果是首结点，则需要将头指针修改。如果不是首结点，则需进行三步操作。

步骤1：要找到被删除结点q的前驱结点p。

步骤2：执行语句"p->next = q->next;"。

步骤3：如果链表结点在堆区的话，需要执行"free(q);"释放内存，如图8-3所示。

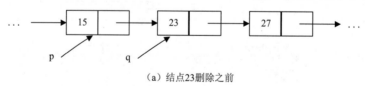

（a）结点23删除之前

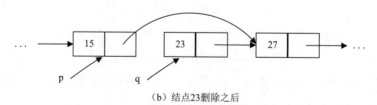

（b）结点23删除之后

图 8-3　在链表中删除结点示意图

例8-3　删除链表head中的第i个结点，返回删除之后链表首结点地址（头指针）。

```
LinkList del(LinkList head, int i)
{
    LinkList p=head,q;
    int j;
    if(i==1)
    {
        return head->next;
    }
    for(j=1;p->next!=NULL;)
    {
        j++;
        if(i==j)
        {
            q=p->next;
            p->next=q->next;
            free(q);
            return head;
        }
        else
            p=p->next;
    }
    return head;
}
```

拓展思考 8.2

上面插入和删除第 i 个结点的例子中，均需要考虑 i 是否等于 1 的情况，读者思考一下，能否设计一种机制，不需要区分这些情况。

●●●● 8.5 共 用 体 ●●●●

共用体是一种特殊的数据类型，允许用户在相同的内存位置存储不同的数据类型。用户可以定义一个带有多成员的共用体，但是任何时候只能有一个成员带有值。共用体提供了一种使用相同的内存位置的有效方式。

共用体在语法上与结构体类似，并且共用体数据也要先定义类型再定义变量。

1. 共用体类型定义语法

```
union 共用体名
{
    成员表列
};
```

示例代码如下：

```
union exam
{
    int i;
```

```
    float f;
    char ch;
};
```

定义了一个共用体类型，每个成员的类型及成员名要逐一说明。

2. 共用体变量定义语法

```
union 共用体名  共用体变量名;
```

如前面有了union exam的类型定义后，就可定义该类型的变量x。

```
union exam x;
```

当然，也可定义类型的同时定义变量，示例代码如下：

```
union {
    int i;
    float f;
    char ch;
} x;
```

3. 共用体变量的引用

一般是引用单个成员，方法有两种。一是利用变量名引用成员，格式为变量名.成员名；二是利用指向共用体类型的指针引用成员，格式为指针名–>成员名。

另外，在同类型的两共用体变量之间可以进行相互赋值。

需指出的是，共用体类型变量与结构体类型变量所占的内存情况不同，结构体变量占有内存字节长度为所有成员的字节长度之和，共用体变量所占内存字节长度仅为其中最大成员所占字节长度。也就是说，共用体变量的各成员占有同一段内存，即各成员的内存地址相同，只是不同时刻可以存放不同成员值，实现了对该段内存的分时复用。

```
struct
{
    int i;
    float f;
    char ch;
} y;
```

则变量y占有4+4+1=7个字节内存及内存对齐产生的空隙。

而"union exam x;"中变量x仅占有最长成员所占的字节数，即 4 个字节内存。

由于不同成员对同一段内存的共用，与结构体变量不同，共用体变量不能对各成员同时初始化及引用（包括I/O）。

```
x.i=3;
x.f=4.5;
x.ch='A';
printf("%d,%f,%c,\n",x.i,x.f,x.ch);
```

执行连续三个赋值语句后，输出时只能得到x.ch的正确值：'A'，即共用体变量的当前值总是最后一个存入的成员值。

共用体变量的一个重要应用就是实现长数据的自然拆分。

例 8-4 将一个整型量拆分成两个字节，利用这一拆分实现菜单的箭头选择。

通过亮条移动用箭头来选择菜单，比直接键入功能号更直观，这里只介绍用共用体变量实现箭头选择。有关制作菜单的其他技术，可查阅有关书籍。

这里用到一个库函数bioskey()，调用该函数时，等待从键盘按下一键，返回值为两字节。对普通键，低字节为该字符的ASCII码，对功能键（如箭头键），低字节为0，高字节为扩展码。上下左右箭头的扩展码值分别为72、80、75、77。

针对功能键ASCII码值为0的情况，用扩展码区分它们。

```
union
{
    int i;
    char ch[2];
}x;
    x.i=bioskey(0);
    if (x.ch[0]==0)
        switch(x.ch[1])
        {
        case 72: …;
        case 80: …;
        case 75: …;
        case 77: …;
        }
```

●●●● 8.6 枚 举 ●●●●

如果一个变量（不妨设为a）的可能取值可构成一个有限集合，则可以将该"有限集合"定义为一个枚举类型，再用该类型声明变量a（该变量称为枚举型变量）。

枚举类型的定义形式为

enum 枚举类型名{有限集合元素列表}；   //各元素之间用逗号隔开

使用枚举类型声明变量的形式为

enum 枚举类型名 变量名；

对枚举变量赋值语句的形式为

枚举型变量名 = 有限集合中的某个元素；

例 8-5 枚举应用例子。

```
#include <stdio.h>

// 定义枚举类型，集合中元素的值依次为0, 1, 2, 3, 4, 5, 6
enum Days{Sunday, Monday, Tuesday, Wednesday, Thursday, Friday,
Saturday};

int main(void)
{
    // 声明枚举型变量
    enum Days theDay;
```

```
      int j=0;
      // 0表示Sunday, 1表示Monday, …
      printf("请输入今天是星期几：(0 to 6)\n");
      scanf("%d",&j);

      // 将整型数强制转换为枚举型元素
      theDay=(enum Days)(j);

      // 枚举变量的值的判断
      if(Sunday==theDay||Saturday==theDay)
          printf("It is the weekend.\n");
      else
          printf("It is a working day.\n");

      return 0;
}
```

运行程序结果如下：

```
请输入今天是星期几：(0 to 6)
4
It is a working day.
```

从例8.3读者可以归纳如下知识：

（1）"枚举元素本身"由系统赋予了一个表示序号的数值，从0开始顺序定义为0，1，2，…。例8.3中，Sunday的数字序号为0、Moday的数字序号为1，…。

（2）程序员可以自由的设置枚举元素的数字序号。如"enum Days{Sunday = 1, Monday, Tuesday, Wednesday, Thursday, Friday, Saturday};"，则枚举元素的数字序号从1开始。再如"enum Days{Sunday = –1, Monday, Tuesday, Wednesday = 3, Thursday, Friday, Saturday};"，则Sunday、Monday、Tuesday的数字序号依次为–1、0、1，Wednesday、Thursday、Friday、Saturday的数字序号依次为：3、4、5、6。注意：位置后面的枚举元素的序号总应该比前面的大。

（3）可以直接把枚举元素赋值给相应的枚举变量。若要把枚举元素的数字序号赋予枚举变量，则必须用强制类型转换。例如"theDay = (enum Days)(j);"表示把数字序号j代表的枚举元素赋值给theDay。（enum Days）为强制类型转换操作。

读者也可以在定义枚举类型的同时，声明枚举型变量。例如：enum Sexy{female, male} sexy;定义了枚举类型Sexy，同时也声明一个Sexy型的枚举型变量sexy。

●●●● 习　　题 ●●●●

8.1 单选题

（1）若有以下说明语句：

```
struct student
{
```

```
    int num;
    char name[20];
    float score;
}stu;
```

则下面叙述不正确的是（　　）。

    A.　struct 是结构体类型的关键字

    B.　struct student 是用户定义的结构体类型

    C.　num,score 都是结构体成员名

    D.　stu 是用户定义的结构体类型名

（2）下面关于结构的定义正确的是（　　）。

    A.　struct test{ int a; char b[2]; };　　　　B.　struct test{ int a,char b; };

    C.　struct test{ char c; int a };　　　　　D.　struct test{ a,b,c};

（3）当说明一个结构体变量时，系统分配给它的内存是（　　）。

    A.　各成员所需内存空间的最大值　　　　B.　各成员所需内存空间之和

    C.　结构中第一个成员所需内存空间　　　D.　结构中最后一个成员所需内存空间

（4）设有如下定义：

```
struct sk
{ int a;
    float b;
}data,*p;
```

若有 p=&data;，则对 data 中的 a 成员的正确引用是（　　）。

    A.　(*p).data.a　　　　B.　(*p).a　　　　C.　p->data.a　　　　D.　p.data.a

8.2 用一个数组存放图书信息，每本书是一个结构体变量，它应至少包括以下内容：书名、作者、出版社、出版日期、库存量。

8.3 编写一个程序，该程序输入职工工号和完成产品数量，允许同一职工有多次输入，由程序完成累计。程序按完成数量由多到少的名次顺序，输出名次、同一名次的职工人数及他们的工号（工号由小到大顺序输出）。要求程序用有序链表存贮数据信息。

8.4 输入两个整数 m 和 n（m<n）。表示由 n 个人站成一个圈，这 n 个人分别被编号 1，2，…，n。m 表示从第 1 个人开始数，每第 m 个人从圈中退出。编写一个程序，求这 n 个人从圈中退出的先后顺序。

8.5 有 n 个学生，每个学生的数据包括学号、姓名、性别、年龄、三门课成绩。要求在 main() 函数中输入各学生信息，然后调用函数 count() 计算各学生的总分和平均分，然后输出各项数据。

8.6 有 4 名学生，每个学生包括学号、姓名、成绩，要求找出成绩最高者的姓名和成绩。（用指针方法）

8.7 建立一个链表，每个结点的成员为职工号、工资。用 malloc() 函数开辟新结点，从键盘输入结点的有效数据，然后把这些结点的数据打印出来。要求用 creat() 函数来建立链表，用 list() 函数来输出数据。这 5 个职工的号码为 101，103，105，107，109。

8.8 在上题的基础上，新增加一个职工的数据（新职工号为 106），新结点按职工号顺序插入。编写函数 insert() 完成此功能。

8.9 在前两题的基础上，写一个函数 delete()，删除职工号为 106 的结点，并释放该结点所占内存。

8.10 编写程序，从键盘输入 6 名学生的五门成绩，分别统计出每个学生的平均成绩。

8.11 用 C 语言编写程序，对全班同学的学习成绩进行输入、统计、排序、打印。假设全班有 40 名同学，科目有语文、数学、英语三门，学生自身信息有学号和姓名。输入信息为学号（int）、姓名（string）、语文（float）、数学（float）、英语（float）成绩，然后计算每人的平均分（float），再按平均分从高到低排序，最后输出排序后的结果，每一行一位同学的数据，仍然是按学号、姓名、语文、数学、英语成绩的顺序。

8.12 现有扑克牌 52 张，其花色记录为：char suit[]={3,4,5,6}；其牌面记录为：char face[]={'A','2','3','4','5','6','7','8','9','X','J','Q','K'}；请用 C 语言编写程序实现以下功能。

（1）自定义结构体数组，按照同一花色牌面从小到大的顺序记录全部 52 张扑克牌。

（2）以时间为参数设置随机序列种子，实现洗牌，即遍历扑克牌数组，依次交换当前牌与数组中随机位置的牌。

（3）输出打乱顺序后的全部扑克牌，牌与牌间使用 Tab 分隔。

8.13 编程求链表长度（链表带头结点），函数头为 int length(struct ListNode *Head)。链表结点定义如下：

```
struct ListNode
{
int    Value;
struct  ListNode *  Next;
};
```

8.14 输入两个递增排序的链表，合并这两个链表并使新链表中的结点仍然是按照递增排序的，函数接口为：ListNode *MergeTwoList(ListNode *pListOneHead, ListNode *pListTwoHead)。链表结点定义如下：

```
struct ListNode
{
int m_nValue;
ListNode *m_pNext;
};
```

8.15 已知一个带头结点的单链表（该单链表结点的存储结构包括一个整形的 data 和一个指针 next），假如该链表的头指针为 L，编写程序，查找链表中"倒数"第 k（k 为正整数）个结点。

8.16 从键盘输入一个整数存放在 num 中并输入 num 个整数，之后对 num 个整数进行存储并排序，最后对其进行输出。运行结果示例如下。数据类型及主函数均已给出，请完成 getData()、sort()、print() 三个函数（主函数不能修改）。

```
5
11
55
33
44
22
11        22        33        44        55
```

```
#include<stdio.h>
#include<stdlib.h>
typedef struct ARR
{
    int *start;
    int len;
}ARR;
int main(void)
{
    int num;
    ARR arr;
    void getData(ARR *a,int num);
    void sort(ARR *a);
    void print(ARR *a);
    scanf("%d",&num);
    getData(&arr,num);
    sort(&arr);
    print(&arr);
    return 0;
}
```

第9章
编译预处理

学习目标

（1）理解宏定义的概念，掌握宏定义的基本方法。

（2）会区分符号常量和普通变量在定义上的区别。

（3）会使用带参数的宏定义。

（4）掌握带参数的宏定义和函数的区别。

（5）理解文件包含的意义。

（6）会使用条件编译命令替换if语句实现程序设计。

"编译预处理"是C语言区别于其他高级语言的一个重要特点。编写程序时，可以在源程序中加入一些"预处理命令"，以改进程序设计环境，提高编程效率。C语言的预处理程序负责分析和处理源程序中的这些预处理命令。由于C语言的预处理程序不是C语言本身的组成部分，而是C语言编译系统的组成部分，不能直接对它们进行编译。在对程序进行通常的编译（如词法和语法分析、代码生成等）之前，根据预处理命令语句对程序作相应的处理。例如，若程序中用# include命令包含一个文件"stdio.h"，则在预处理时将用"stdio.h"文件中的实际内容代替该命令。经过预处理后，再由编译程序对预处理后的源程序进行通常的编译处理，得到目标程序代码。C语言与其他高级语言的一个重要区别是，可以使用预处理命令和具有预处理的功能。

正确地使用编译预处理语句，能够编写出易于调试、易于移植的程序，并能为模块化程序设计提供帮助。

C语言提供的预处理功能主要有三种，宏定义、文件包含和条件编译。分别用宏定义命令、文件包括命令、条件编译命令来实现。为了与一般的C语言语句相区别，所有的编译预处理语句都以符号"#"开始。

•••• 9.1　宏　定　义　••••

C语言的宏定义可以分为两种形式，一种是符号常量定义（不带参数的宏定义），另一种是带参数的宏定义。

9.1.1　符号常量定义（不带参数的宏定义）

一般程序中使用的常量都有一定的意义，但如果在程序中直接使用常量本身，很难看出它的意义。为提高程序的可读性，C语言提供了用于定义符号常量（即用一个符号代替一个常量）的预处理语句，其一般形式如下：

```
#define   符号常量名   字符串
```

说明：

（1）符号常量名也称为"宏名"，一般习惯用大写字母书写，以便在形式上与变量名区别开。宏名与所对应的字符串之间用空格隔开。

（2）在程序中，所有出现符号常量名的地方，经过编译预处理之后，都被替换成（宏定义中）与它对应的字符串，这个替换过程称为"宏展开"，示例代码如下：

```
#define  PI  3.14
```

它定义了符号常量名（或宏名）PI所对应的常量是3.14，即用标识符PI来代替3.14。这种方法可以使用户以一个简单的名字代替一个长的字符串，并且如果需要对该字符串修改，仅仅修改预处理命令中的字符串即可。例如，若将PI的值改为3.1416，只需要将预处理命令做如下修改即可。

```
#define  PI  3.1416
```

（3）宏定义是用符号常量名代替一个字符串，只做简单替换，不检查字符串的正确性。使用符号常量名代替一个字符串，可以减少程序中重复书写某些字符串的工作。如上例中，如果程序中多次用到3.1416，字符串较长，用符号常量名PI来代替就简单一些。而且当PI对应的字符串发生变化时，只要修改宏定义语句即可，程序的其余部分不用做任何修改。一般使用符号常量名要比使用字符串简单、不易出错。符号常量名常用容易理解的单词表示，这比记住一个无规律的字符串要容易，而且在读程序时可以知道其含义，程序可读性较好。

例 9-1　从键盘输入圆的半径，求圆的周长和面积并输出。

示例代码如下：

```
#include  <stdio.h>
#define  PI  3.1416
int main(void)
{
    float  r,l,s;
    printf("Please  input  r: ");
    scanf("%f",&r);
    l=2.0*PI*r;
    s=PI*r*r;
    printf("l =%8.4f\ns =%8.4f\n",l,s);
```

```
    return 0;
}
```

运行程序结果如下：

```
Please  input  r: 5
l =  31.4160
s =  78.5400
```

使用宏定义时，需注意如下几个问题。

（1）预处理程序对符号常量的处理只是进行简单的替换，不做语法检查。如果程序中使用的预处理语句有错误，只有在编译阶段才能查出来。

（2）如果不是特殊需要预处理语句的结尾不应有分号，如果语句末尾加分号，则连同分号一起替换，示例代码如下：

```
#define  PI  3.14159;
......
area =PI*r*r;
```

经过宏展开后，该语句将变为

```
area =3.14159;*r*r;
```

显然，语句中有明显的语法错误。

（3）如果程序中出现由双引号括起来的字符串，即使与符号常量名相同，也不会进行宏替换，示例代码如下：

```
#define  AREA  10
......
printf("AREA");
```

程序将显示输出AREA，而不是10。

（4）进行宏定义时，可以引用已经定义过的符号常量名，即可以嵌套使用宏定义。

例 9-2 输出半径为5的圆的周长和面积。

示例代码如下：

```
#include  <stdio.h>
#define  R  5.0
#define  PI  3.1415926
#define  L  2*PI*R
#define  S  PI*R*R
int main(void)
{
    printf("L =%8.4f\nS =%8.4f\n",L,S);
    return 0;
}
```

经过宏展开后，printf语句展开为

```
printf("L =%8.4f\nS =%8.4f\n", 2*3.1415926*5.0, 3.1415926*5.0*5.0);
```

（5）宏定义是专用于预处理命令的专用名词，它与定义变量的含义不同，只做字符替换，不分配内存空间。

拓展思考 9.1

宏名的命名规则是否与标识符的命名规则相同？

9.1.2 带参数的宏定义

若用#define 语句定义一个带参数的宏，则编译预处理程序对源程序中出现的宏，不仅进行字符替换而且还进行参数替换。

带参数的宏定义的一般形式为

```
#define  宏名(参数表)  字符串
```

其中，字符串中应包含参数表中所指定的参数，示例代码如下：

```
#define  S(a,b)  a*b
......
area =S(4,6);
```

上例中定义矩形面积S等于矩形边长为a和b的积。在程序中使用宏S(4,6)，就是使用实际参数4、6分别代替宏定义中的形式参数a、b，即用4*6代替S(4,6)。所以程序中赋值语句展开后为

```
area =4*6;
```

对带参数的宏定义的展开、置换过程如图9-1所示。在程序中如有带参数的宏（如上例中S(4,6)），则按#define命令中指定的字符串从左到右进行置换。如果字符串中包含宏定义中的形参（如上例中a、b），则将程序语句中相应的实参代替形参。其中，实参可以是常量、变量或表达式。如果宏定义中的字符串中的字符不是参数字符（如上例中的*号），则保留该字符。

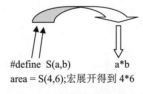

```
#define  S(a,b)      a*b
area = S(4,6);宏展开得到 4*6
```

图 9-1 带参数宏的展开

例 9-3 编写程序求圆的面积，其中计算面积由宏定义实现。

示例代码如下：

```
#include  <stdio.h>
#define  PI  3.1415926
#define  S(r)  PI*r*r
int  main(void)
{
    float  area;
    area =S(5.0);
    printf("r =%6.2f\narea =%8.4f\n",5.0,area);
    return  0;
}
```

运行程序结果如下：

```
r =  5.00
area = 78.5398
```

例9-4 从键盘输入两个整数，将其中较大的数输出，要求用宏定义编程。

示例代码如下：

```
#include  <stdio.h>
#define  MAX(a,b)  ((a)>(b)?(a):(b))
int  main(void)
{
    int  x,y,z;
    printf("Please  input  2  integers: \n");
    scanf("%d%d",&x,&y);
    z=MAX(x,y);
    printf("max =%d\n",z);
    return  0;
}
```

运行程序结果如下：

```
Please  input  2  integers:
    9  56
max =56
```

使用带参数的宏定义时，需注意如下问题。

（1）宏定义字符串中的参数建议用圆括弧括起来，整个字符串部分也用圆括弧括起来。这样能保证在任何替代情况下，都把宏定义作为一个整体。

（2）在宏名与带参数的括弧之间不要加空格，否则会将空格以后的参数字符都作为替代字符串的一部分。

（3）带参数的宏定义也可以由函数实现。虽然二者在形式上有相似之处，但二者还是有很大的区别。

① 函数调用时，先求出实参表达式的值，然后赋值给形参。而使用带参数的宏定义，只是进行简单的字符替换。例如前面的S(a, b)，在宏展开时并没有求出a*b的值，只是将实参字符4、6分别代替形参a、b。

② 函数调用是在程序运行时进行处理，需分配临时的内存空间。而使用带参数的宏，只进行简单的字符替换，不分配内存空间，不进行值的传递也没有返回值。

③ 函数中的形参和实参都要定义类型，而且类型要求一致。而宏定义不存在类型问题，宏名无类型，其参数只是个符号也没有类型。宏定义时，字符串可以是任意类型的数据。

④ 调用函数只能得到一个返回值，而使用宏可得到若干结果。

⑤ 宏展开次数较多时，由于每次展开都要进行替换，所以宏展开后源程序较长，而函数调用不会使源程序变长。一般用宏表示一些简单的表达式比较方便。

⑥ 宏替换不占用程序的运行时间，只占用编译时间。函数调用则占用程序的运行时间。

●●●● 9.2　文　件　包　含 ●●●●

文件包含又称文件包括，是指一个源文件可以将另外一个指定的源文件的全部内容包含进来。文件包含的一般形式为

```
# include  <文件名>
```

或

```
# include  "文件名"
```

该语句的功能是用指定文件名的文件中的全部内容替换该项预处理语句。例如，假设file1.c文件中的内容为

```
int   t1,t2,t3;
float  f1,f2,f3;
char  c1,c2,c3;
```

file2.c文件中的内容为

```
# include  "file1.c"
int  main(void)
{……}
```

则在对file2.c文件进行编译时，在编译预处理阶段将进行文件包含处理：将file1.c文件中的全部内容，插入到file2.c文件中的 #include "file1.c"预处理语句处，将file1.c文件的内容包含到file2.c文件中。经过编译预处理后，file2.c文件的内容为

```
int   t1,t2,t3;
float  f1,f2,f3;
char  c1,c2,c3;
int  main(void)
{……}
```

在使用 "# include" 命令时，如果<文件名>部分是用尖括弧（＜＞）括起来的，则编译预处理程序只按系统指定的标准方式检索文件目录，查找该文件。"标准方式"是指，系统到存放C的库函数头文件所在的目录中查找要包含的文件。如果 "文件名" 部分是用双引号括起来的，则系统先在源程序文件所在目录中（即用户当前目录）查找所包含的文件，如果没有找到，再按系统指定的标准方式查找该文件。因此，当要包含的是用户自己编写的文件时，一般用双引号。

C语言程序文件头部的被包含的文件多以.h为扩展名，这些文件称为 "头文件" 或 "标题文件"。在使用C语言提供的库函数进行程序设计时，常需要在源程序中包含相应的头文件。在头文件中，要对相应函数的原型及宏名等进行说明和定义。使用不同的库函数，往往需要包含不同的头文件。

设计程序时，常将全局变量定义、宏定义和函数类型说明等放在头文件中。正确使用#include语句，将会减少不必要的重复工作，提高编程效率。

在使用# include语句时，需注意如下问题。

（1）如果#include语句指定的文件内容有变化，则包含这个文件的所有源文件都应该重新编译运行。

（2）文件包含可以嵌套使用，即被包含的文件中还可以包含其他文件。

（3）由# include语句指定的文件中，可以包含任何语句成分。常将经常使用的、公用性的宏定义和外部变量等集中放在头文件中，以避免一些重复性的操作。

（4）被包含的文件通常是源文件。编译时，不是对两个文件进行连接，而是将两个文件作为一个源程序进行编译，得到一个目标文件（.obj）。因此，被包含的文件应该是源文件而不是目标文件。

拓展思考9.2

读者自行通过上机调试程序，体会# include ＜文件名＞ 与 # include " 文件名" 两者中一对 ＜＞ 与 " " 有什么区别。

●●●● 9.3 条 件 编 译 ●●●●

C语言的编译预处理程序还提供条件编译的功能。一般情况下，源程序中所有的语句都参加编译，但有时也希望对其中的一部分内容有条件地编译，即只在满足一定条件才进行编译。这使得同一个源程序在不同的编译条件下，能产生不同的目标文件。这将有助于程序的调试与移植。

条件编译命令有以下几种形式。

1. # ifdef, #else, #endif语句形式

其一般形式为

```
# ifdef   标识符
    程序段1
# else
    程序段2
# endif
```

其功能是，如果标识符已经定义过（一般是指用# define语句定义），则程序段1参加编译，否则程序段2参加编译。两个程序段可以包含任意条语句，两个程序段即使由多条语句组成，也不需要用花括弧括起来。其中# else部分可以省略，即

```
# ifdef   标识符
    程序段1
# endif
```

注意：# ifdef 和 # endif 一定要配对使用。

例如有的计算机存放一个整数需要32位（4个字节），而有的计算机则需要64位（8个字节）。为使所编写的程序具有通用性，可在程序中使用下面的条件编译语句：

```
# ifdef  PC_A
    # define  INT_SIZE  32
# else
    # define  INT_SIZE  64
#endif
```

如果PC_A在前面定义过，例如有语句

```
# define  PC_A  1
```

甚至是语句

```
# define  PC_A
```

则将编译程序段1，即下面的语句

```
# define  INT_SIZE  32
```

否则将编译程序段2，也就是语句

```
# define  INT_SIZE  64
```

这样，在源程序中不用做任何修改，只需要增加（或删除）语句

```
# define  PC_A
```

就可以使源程序运行于不同的计算机系统。

条件编译语句的设置，还有利于对程序的调试。例如，在调试程序时，常需要查看程序运行的中间结果。如果使用条件编译语句，在程序的相应位置上插入下面的条件编译语句

```
# ifdef  DEBUG
    printf("x=%d,y=%d\n",x,y);
# endif
```

只要在上述语句的前面对DEBUG进行定义，即有语句

```
# define  DEBUG
```

在程序运行时，就会显示相应位置上的x，y的值。调试结束后，只要删去DEBUG的定义，并重新进行编译和连接。这要比多次使用printf语句要方便、简单得多。

2. # ifndef语句形式

其一般形式为

```
# ifndef  标识符
    程序段1
# else
    程序段2
# endif
```

其功能是，当标识符没有定义时，则程序段1参加编译，否则程序段2参加编译。与第一种形式的条件编译语句作用相反。示例代码如下：

```
# ifndef  PC_A
    # define  INT_SIZE  64
# else
    # define  INT_SIZE  32
#endif
```

与第一种形式中#ifdef语句完成相同的功能。

3. #if语句形式

#if预处理语句提供了按条件控制编译过程的更加一般的方法。其一般形式为

```
# if  表达式
    程序段1
# else
    程序段2
#endif
```

该语句的功能是，当表达式的值为"真"（非0）时，对程序段1进行编译，否则对程序段2进行编译。其中的#else语句也可以省略。示例代码如下：

```
# define  FLAG  1
# if  FLAG
    x=12;
# else
    x=24;
# endif
```

上述代码表示，如果FLAG为"真"，则编译语句

```
x =12;
```

即将12赋值给x，否则（FLAG为"假"）编译语句

```
x =24;
```

将24赋值给x。

注意：#if预处理语句中的表达式在编译阶段求值，因此，它必须是常量表达式或是用#define语句定义的标识符，而不能是变量。条件编译命令也可以用if语句实现，但若用if语句实现，最后得到的目标程序比较长，是因为所有语句都要进行编译，而且运行时间较长。而采用条件编译，可以减少被编译的语句，其目标程序较短，运行时间较少。当条件编译段比较多时，目标程序的长度可大大缩短，也有利于程序的可移植性，并增加程序的灵活性。

拓展思考9.3

条件编译命令和if语句各在什么情况下使用能体现各自的优点？

● ● ● 习　题 ● ● ● ●

9.1 单选题

（1）下列程序执行后的输出结果是（　　　）。

```
#include "stdio.h"
#define MA(x) x*(x-1)
int main(void)
{
    int a=1,b=2;
    printf("%d \n",MA(1+a+b));
    return 0;
}
```

  A. 6   B. 8   C. 10   D. 12

（2）有如下程序：

```
#include "stdio.h"
#define N 2
#define M N+1
#define NUM 2*M+1
int main(void)
{
    int i;
    for(i=1;i<=NUM;i++)
        printf("%d\n",i);
    return 0;
}
```

该程序中的 for 循环执行的次数是（ ）。

  A. 5   B. 6   C. 7   D. 8

（3）以下程序的输出结果是（ ）。

```
#include "stdio.h"
#define SQR(X) X*X
int main(void)
{
    int a=16, k=2, m=1;
    a/=SQR(k+m)/SQR(k+m);
    printf("%d\n",a);
    return 0;
}
```

  A. 16   B. 2   C. 9   D. 1

（4）以下程序的输出结果是（ ）。

```
#include "stdio.h"
#define M(x,y,z)   x*y+z
int main(void)
{
    int a=1,b=2, c=3;
    printf("%d\n", M(a+b,b+c, c+a));
    return 0;
}
```

  A. 19   B. 17   C. 15   D. 12

（5）以下叙述正确的是（   ）。

    A. 可以把 define 和 if 定义为用户标识符

    B. 可以把 define 定义为用户标识符，但不能把 if 定义为用户标识符

    C. 可以把 if 定义为用户标识符，但不能把 define 定义为用户标识符

    D. define 和 if 都不能定义为用户标识符

（6）以下程序运行后，输出结果是（   ）。

```c
#include "stdio.h"
#define pt 5.5
#define s(x) pt*x*x
int main(void)
{
    int a=1,b=2;
    printf("%4.1f\n",s(a+b));
    return 0;
}
```

    A. 49.5   B. 9.5   C. 22.0   D. 45.0

9.2 编写程序，从键盘输入两个整数，用带参数的宏定义，求两个数的和、积与差。

9.3 编写程序，从键盘输入两个整数，求两个数相除的余数，用带参数的宏定义来编写程序。

9.4 编写程序，从键盘输入长方体的长、宽、高，用带参数的宏定义，求出长方体的体积。

9.5 编写程序，找出 3 个数中的最大数，分别用函数和带参数的宏定义来实现。

9.6 用条件编译方法实现下面的功能。

从键盘输入一行文字，可以选择两种输出方式，原文输出或加密输出。加密输出是指将字母变成其下一字母（如"a"变成"b"，"b"变成"c"，…，"z"变成"a"。其他字符不变）。用 #define 命令来控制是否加密输出。

9.7 分析下面的程序，运行时从键盘输入 5 8，给出程序的运行结果。

```c
# include <stdio.h>
# define  EXCHANGE(x,y)  temp=x;x=y;y=temp
int  main(void)
{
    int  a,b,temp;
    scanf("%d%d",&a,&b);
    printf("a=%d,b=%d\n",a,b);
    EXCHANGE(a,b);
    printf("a=%d,b=%d\n",a,b);
    return 0;
}
```

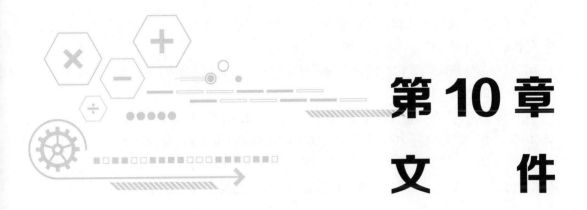

第10章 文件

学习目标

（1）了解流和文件的概念。

（2）掌握文件的打开和关闭的方法。

（3）知道文件使用方式中各种符号的意义。

（4）熟练掌握文件的读、写等操作。

（5）会进行文件的定位。

文件是指一组相关数据的有序集合，前面各章中已经多次使用了文件，例如源程序文件、目标文件、可执行文件、头文件（库文件）等。程序执行时，所有的数据都存储在内存中，这些数据只能临时存放而不能永久保存，要想永久保存就需要把数据以文件形式存储到外存储器中。每个文件都有一个名字，操作系统以文件为单位对数据进行管理。

本章将讲述C语言中文件的概念及对文件的各种操作，包括文件的打开和关闭、文件的读写操作、文件的定位等。

10.1 文件概述

1. 流和文件

外部设备上的数据都以数据流的形式存放，例如磁盘上的数据是按磁道存储的，每个独立的数据流称为文件。

通过给一段数据取名、定位就建立起流与文件的联系，从而得到文件，就能以文件为操作对象进行各种操作。

因此文件就是记录在外介质上的数据的有序集合。通常把文件作为磁盘文件和有I/O（输入/输出）能力的外部设备的总称，例如将屏幕显示出来的文件和键盘键入的文件作为终端文件，这样就实现了对外设的统一管理。

按文件的数据形式，文件可分为文本文件和二进制文件两大类。

文本文件（又叫正文文件）由字符的ASCII码组成，每个字符占一个字节，因此又称字符文件。终端文件就是字符文件。

二进制文件则是按数据在内存中的存储形式，由二进制代码的字节组成。存储状态的文件可为二进制文件。

例如整数100，在文本文件中占3个字节：31H 32H 30H（即'1'、'0'、'0'三个字符的ASCII码）；在二进制文件中占4个字节：00H 00H 00H 64H（int型数据占4个字节）。

可见文本文件强调的是形式的对应，适用于逐个字符处理和供人阅读；二进制文件着重于内容的对应，便于程序、程序间或程序、设备间成批传递数据。

拓展思考10.1

文本文件和二进制文件在存储形式上有什么异同？

2. 文件系统

C语言最初是作为UNIX操作系统的描述语言而诞生的。UNIX操作系统有两种文件系统，缓冲文件系统和非缓冲文件系统。在缓冲文件系统中，系统自动为每一打开的文件开辟一个缓冲区，文件的存取都通过缓冲区进行。例如，写磁盘文件时，先把文件送到内存缓冲区，待缓冲区装满后才一起写入磁盘；读磁盘文件时，则一次读一批数据到内存缓冲区中，充满缓冲区，然后从缓冲区逐个字符读到指定内存单元。在非缓冲文件系统中，系统不为所打开的文件开辟缓冲区，文件操作所需的存储区由用户自己设定。

与UNIX系统相对应，C语言也具有两种文件系统，标准C语言采用缓冲文件系统，在处理二进制文件时，也通过缓冲区来进行。因此，标准C语言文件系统中的I/O函数既可用于处理文本文件又可用于处理二进制文件。

3. 文件指针

文件指针是贯穿C语言的I/O系统的一根主线。C语言中，每个文件对应的控制信息集中在一个FILE型的结构体变量中。FILE是一个结构体类型，定义在头文件stdio.h中。在不同的系统中，FILE的定义是不完全相同的，一般形式如下：

```
typedef struct {
int    fd;        //文件号
int    cleft;     //缓冲区剩余字符数
int    mode;      //文件操作模式
char   nextc;     //下一个字符的位置
char   buff;      //缓冲区位置
}FILE;
```

文件指针是指向FILE的一个指针，可以用下面的方式进行定义。

```
FILE   *fp;
```

其中fp是指向FILE的一个指针，习惯称它为文件指针。通过fp，就可以找到流和相应的文件的联系，以及数据流中具体的I/O位置，所以只有通过文件指针I/O函数才能进行文件操作。

● ● ● ● **10.2 文件的使用** ● ● ● ● ●

在C语言中，文件一般是通过指针来实现各种操作的，本节讲述具体地对文件的操作方法。

10.2.1 文件的打开和关闭

使用文件，必须首先打开文件，才可进行R/W等各种操作，使用结束后要立即关闭文件。

本章着重介绍缓冲文件系统的I/O函数，标准C语言提供了大量这类库函数，其原形在头文件"stdio.h"中。

1. 打开文件

打开文件是通过对文件指针赋值使文件与流发生联系，由指针所指文件信息结构找到要进行操作的文件（那段数据流）。

打开文件的格式为

```
fopen（文件名，使用方式）；
```

其中，文件名为可包含路径的字符串常量，也可为指向字符串的指针，使用方式是指明文件R/W方式的字符串，具体使用方式见表10.1。函数功能为按指定方式打开指定文件。函数返回值为成功打开指定文件返回一个指向文件控制信息结构的指针，否则返回NULL。

表 10.1 文件的使用方式

文件使用方式	意　　义	若指定文件不存在
r	只读，为读打开文本文件	出错
w	只写，为写打开文本文件	建立新文件
a	追加，从文本文件末尾开始写	出错
rb	只读，为读打开二进制文件	出错
wb	只写，为写打开二进制文件	建立新文件
ab	追加，从二进制文件末尾开始写	出错
r+	读写，为读 / 写打开文本文件	出错
w+	读写，为读 / 写建立并打开文本文件	建立新文件
a+	读写，为读 / 写打开文本文件	出错
rb+ 或 r+b	读写，为读 / 写打开二进制文件	出错
wb+ 或 w+b	读写，为读 / 写建立并打开二进制文件	建立新文件
ab+ 或 a+b	读写，为读 / 写打开二进制文件	出错

通常将该返回值赋值给一个文件指针，示例代码如下。

```
fp=fopen("file", "r");
```

程序中考虑文件不能正常打开的极端情况，常用以下的语句打开一个文件。

```
if((fp=fopen(filename,"r"))==NULL)
{
    printf("Can't open file %s\n", filename);
    exit(1);
}
```

关于函数fopen()的使用方式参数说明以下几点。

（1）用"r"方式打开文件，要求文件已经存在，否则返回NULL值。

（2）用"w"方式打开文件，若文件不存在，则新建立一个指定名字的文件；若文件已存在，原文件上的数据被删除。

（3）用"a"方式打开文件，要求文件已经存在，打开后文件写位置移到文件末尾。

另外需要指出的是，在程序运行时，系统自动打开三个标准文件，即标准输入文件、标准输出文件和标准出错输出文件。系统自动定义了三个文件指针stdin，stdout和stderr，分别指向三个打开的文件，因此在使用上述三个文件时，不需定义文件指针或打开文件，可以直接使用这三个文件指针对相应文件进行操作。要对键盘、显示器进行操作，除了用前面学过的不带文件指针的标准I/O库函数外，也可使用带文件指针的一般形式的库函数。如指定stdin 就是从终端（一般为键盘）输入数据，指定stdout就是向终端（一般指显示器）输出数据。

拓展思考10.2

"r+" 与 "a+" 这两种文件使用方式有什么区别？

2. 关闭文件

一个文件使用完毕后，应立即关闭。这是因为一个程序允许同时打开的文件数是有限的。另外，对于写方式打开文件的情况，及时关闭文件还有防止文件内容丢失的重要作用。向文件写数据时，先将数据写到缓冲区中，待缓冲区写满后，才一起将缓冲区内容写入文件中。如果数据尚未写满缓冲区而文件内容已写完，则留在缓冲区内的数据会因程序强制终止而丢失。函数fclose()先将缓冲区的数据输出到文件，然后终止文件指针变量与文件之间的联系，因此及时调用fclose()函数可避免数据的丢失。

关闭文件的格式为

```
 fclose(文件指针);
```

示例代码如下：

```
fclose(fp);
```

使用该函数使文件指针不再指向该文件信息结构，即断开文件指针与文件的联系，以后就无法再通过这个指针对文件进行R/W操作，并释放与该文件有关的内存资源，使其可被重新使用。

　　函数返回值为正常关闭返回0值，出错时返回非0值，可用函数ferror()来测试。

10.2.2　文件的操作

　　打开文件后，就可对文件进行各种操作，包括字符I/O、字符串I/O、格式I/O以及数据块I/O等。

　　1.　单个字符的I/O：fgetc()和fputc()函数

　　这两个函数主要用于文本文件的R/W操作。

　　（1）fgetc(FILE *fp)

　　功能为从与文件指针fp相关的文件中读一个字符，返回值为该字符的ASCII码，遇文件结束则返回文件结束标志。

　　（2）fputc(char ch,FILE *fp)

　　功能为将字符ch写入与文件指针fp相关的文件中，返回值为成功时返回该字符的ASCII码，否则返回EOF。

　　需要注意的是，文本文件和二进制文件结束标志不同。对文本文件，由于字符的ASCII码不可能是–1，因此用EOF作为结束标志。EOF在头文件stdio.h中定义为–1。但对于二进制文件，–1仍是有效的二进制数据，因此不能作为结束标志。C系统提供一个库函数feof()来判断文件是否结束。函数feof()的返回值为遇文件结束则返回值非0，否则返回值为0。

　　下面给出对文本文件逐个字符处理以及对二进制文件逐个字节处理的常用程序语句。

　　对文本文件的处理

```
char c;
……
while((c=fgetc(fp))!=EOF)
{
……
}
```

　　对二进制文件的处理

```
int c;
……
while(!feof(fp))
{
……
}
```

　　实际上以前介绍的函数getchar()和putchar()是对函数fgetc()和fputc()的应用。在头文件stdio.h中有宏定义为

```
#define getchar()  fgetc(stdin)
#define putchar(c)  fputc(c,stdout)
```

例 10-1 把文件file1复制到文件file2。

```c
#include <stdio.h>
int  main(void)
{
    char    c;
    char   argv1[20], argv2[20];
    FILE  *fp1, *fp2;
    printf("Input two file name:\n");
    gets(argv1);
    gets(argv2);
    if ((fp1=fopen(argv1,"r" ))==NULL){
        printf ("Can't open %s\n",argv1);
        exit(1);}
    if((fp2=fopen(argv2,"w"))==NULL){
        printf ("Can't open %s\n",argv2);
        exit(1);}
    while((c=fgetc(fp1))!=EOF)
        fputc(c,fp2);
    fclose(fp1);
    fclose(fp2);
    return 0;
}
```

2. 字符串的I/O：fgets()和fputs()函数

这是用于文本文件I/O的函数。

（1）fgets(char *str, int n, FILE *fp)

功能是从文件读取字符序列存于str 指定的内存区域中，当连续读入$n-1$个字符或遇换行符时结束，遇换行符时连同换行符一并存入串中。

（2）fputs(char *str, FILE *fp)

功能：将字符串str复制到文件中，串结束标志'\0'不被复制。

例 10-2 从键盘读取字符串，把它写到文件中。

```c
#include <stdio.h>
int  main(void)
{
    char  str[80];
    FILE  *fp;
    if((fp=fopen("filename","w"))==NULL)
    { printf("Can't open %s\n","filename");
        exit(1);}
    do
    { printf("Enter a str (CR to quit): \n");
      gets(str);
      strcat(str,"\n");
      fputs(str,fp);
    }while(*str!='\n');
    return 0;
}
```

3.　格式I/O：fscanf()和fprintf()函数

函数fprintf()和fscanf()的作用分别与函数printf()和scanf()相似，都是格式读写函数。只是函数fprintf()和fscanf()的读写对象可以是一般的文件，因此，参数也多了一个文件指针。其函数调用格式分别为

```
fprintf(文件指针，格式字符串，输出项表)
```

和

```
fscanf(文件指针，格式字符串，输入项地址表)
```

示例代码如下：

```
fprintf(wp, "i =%d, r =%6.4f \n", i, r);
fscanf(rp, "%d%f", &i, &r);
```

前者表示将整型变量i和实型变量r的值按格式输出到与wp相联系的文件中；后者表示从与rp相联系的文件中为变量i和r读入数据。

例 10-3　将从键盘上读入的字符和整数写到磁盘文件中，然后再从磁盘文件读出并显示在屏幕上。

```
#include <stdio.h>
int  main(void)
{ FILE *fp;
  char s[80];
  int  t;
  fp=fopen("filename","w");
  printf("Input a string and its number: \n");
  gets(s);
  scanf ("%d", &t);
  fprintf(fp, "%s \n %d \n",s,t);
  fclose(fp);
  fp=fopen("filename","r");
  fgets(s,80,fp);
  fscanf(fp,"%d",&t);
  printf("%d. %s",t,s);
  fclose(fp);
  return 0;
}
```

设输入为

```
Today is Monday.
3
```

则输出为

```
3. Today is Monday.
```

这里需注意文件写完后要先关闭以保证文件数据不会丢失，然后为读再打开文件。另外，由于函数scanf()接收的字符串中不允许含有空格，而函数gets()允许字符串中含有空格，因此使用函数gets()接收字符串s。

4. 成批数据的I/O：fread()和fwrite()函数

这类函数一般用于二进制文件的I/O，而不用于文本文件的I/O。

（1）fread (char *buf，int size，int count，FILE *fp)

其中，buf为R/W数据的内存起始地址，size为R/W数据块的大小，count为数据块数。

功能为从指定文件读出size乘count个字节数据至内存中buf开始的区域。

（2）fwrite (char *buf，int size，int count，FILE *fp)

其中各参数的意义与前面相同。

功能为将内存中buf起始的size乘count个字节数据写入指定文件。

上述两函数的返回值均为实际I/O数据项的个数，即成功时正常返回count值。

fread()和fwrite()函数的主要用途就是R/W数据或结构。

例 10-4 编程从键盘输入学生信息，并把它们写到文件中。然后从文件读出并显示出来。

```c
#include <stdio.h>
#define COUNT   3
#define FNAME   "stud.dat"
typedef struct
{ char name[21];
  int  num;
  char addr[31];
} STU_TYPE;
STU_TYPE stud;
FILE  *fp;
char s[120];
int main(void)
{
 int  i;
 if((fp=fopen(FNAME,"wb"))==NULL)
 { printf("Can't open %s\n",FNAME);
  exit(1);}
printf("Enter data[name number address].\n");
for(i=0;i<COUNT;i++)
{ gets(stud.name);
  scanf("%d",&stud.num);
  gets(stud.addr);
  if(fwrite(&stud,sizeof(STU_TYPE),1,fp)!=1)
  { printf("File write error.\n");
    fclose(fp);
    exit(1);
  }
}
  fclose(fp);
  fp=fopen(FNAME, "rb");
for(i=0;i<COUNT;i++)
  { fread(&stud,sizeof(STU_TYPE),1,fp);
    printf("%-22s%5d%32s\n",stud.name,stud.num,stud.addr);
```

```
    }
    fclose(fp);
    return  0;
}
```

上述程序从终端读入学生数据，存于结构变量stud中，再将整个结构信息写入文件，读取文件信息时同样用stud作为批量数据单位。

如将变量stud改为结构数组stud[ ]，并以stud[ ]作为对文件stud.dat进行R/W操作的批量传送单位，程序可改为如下形式。

```
#include <stdio.h>
#define COUNT 3
#define FNAME "stud.dat"
typedef struct
{ char name[21];
  int   num;
  char addr[31];
} STU_TYPE;
STU_TYPE stud[COUNT];
FILE  *fp;
char s[120];
int main(void)
{ int  i;
  if(( fp = fopen (FNAME,"wb"))==NULL)
  { printf("Can't open file %s\n", FNAME);
  exit(1);
}
printf("Enter data[name number address].\n");
for(i=0;i<COUNT;i++)
  { gets(stud[i].name);
    scanf("%d",&stud[i].num);
    gets(stud[i].addr);
  }
if(fwrite(stud,sizeof(STU_TYPE),COUNT,fp)!= COUNT)
{ printf("File write error.\n");
  fclose(fp);
  exit(1);
}
fclose(fp);
fp=fopen(FNAME, "rb");
fread(stud,sizeof (STU_TYPE),COUNT,fp);
for(i=0;i<COUNT;i++)
  printf("%-22s%5d%32s\n",stud[i].name,stud[i].num,stud[i].addr);
fclose(fp);
return 0;
}
```

一般来说，用于程序内部或程序之间数据传递的文件宜使用二进制文件。

10.2.3 文件的定位

为实现对磁盘文件的随机R/W，需定位文件的当前位置，即R/W操作对象的位置。相关函数主要有rewind()、fseek()、ftell()。

1. void rewind(FILE *fp)

功能为将文件当前位置定位在文件头。

2. fseek(FILE *fp,long offset,int ptrname)

本函数是实现文件随机存取的最主要函数，可将文件的当前位置移到文件的任意位置上。

函数参数中ptrname表示定位基准或参照点，允许值仅为0、1、2。0代表以文件首为基准，1代表以当前位置为基准，2代表以文件尾为基准。0、1和2分别被定义为名称SEEK_SET、SEEK_CUR和SEEK_END。long型参数offset是位移量，表示以ptrname为基准，移动的字节数。因它是long型数据，当以整数作为它的实参调用函数fseek()时，应在常数之后加上字母L，表示是long型常量。以下三个是调用函数fseek()的语句。

```
fseek(fp,200L,SEEK_SET);
fseek(fp,200L,SEEK_CUR);
fseek(fp,-30L,SEEK_END);
```

分别表示将文件的当前位置定于离文件头200个字节处；将文件当前位置定于离当前位置200个字节处；将文件的当前位置定于离文件尾30个字节处。注意其中空格、回车以及文件结束符均作为有效字符计数。

3. long ftell (FILE *fp)

返回值为当前位置相对于文件首的偏移字节数。

利用本函数可以求出文件长度。

```
long len;
fseek(fp, 0L, SEEK_END);
len=ftell(fp);
```

本小节介绍的文件定位函数在对文件进行随机读写时才用到，前面介绍的4组共8个R/W函数用于实现文件的顺序读写，即每执行一次R/W操作后，文件当前位置均会自动下移至另一操作对象。如文件内容为abcde…，用"r"方式打开文件后，文件当前位置在文件头，调用函数fgetc()得到字符'a'，同时文件当前位置指针移至'a'后的位置，以后无须调用函数fseek()进行文件定位，再次调用函数fgetc()就可得到字符'b'，这样就实现了文件的顺序存取。

● ● ● ● ● **习　题** ● ● ● ●

10.1 单选题

（1）在C程序中，可把整型数以二进制形式存放到文件中的函数是（　　）。

A. fprintf() 函数　　B. fread() 函数　　C. fwrite() 函数　　D. fputc() 函数

（2）若 fp 是指向某文件的指针，且已读到此文件末尾，则库函数 feof(fp) 的返回值是（　　）。

A. EOF　　　　B. 0　　　　C. 非零值　　　　D. NULL

（3）下面的程序执行后，文件 test.txt 中的内容是（　　）。

```c
#include <stdio.h>
#include<string.h>
void fun(char *fname,char *st)
{
  FILE *myf;
  int i;
  myf=fopen(fname,"w" );
  for(i=0;i<strlen(st); i++)
    fputc(st[i],myf);
  fclose(myf);
}
int  main(void)
{
  fun("test.txt","new world");
  fun("test.txt","hello");
  return 0;
}
```

A. hello　　　　B. new worldhello　　　　C. new world　　　　D. helloworld

（4）若要打开 D 盘上 user 文件夹下名为 abc.txt 的文本文件进行读、写操作，下面符合此要求的函数调用是（　　）。

A. fopen("D:\user\abc.txt","r")　　　　B. fopen("D:\\user\\abc.txt","r+")

C. fopen("D:\user\abc.txt","rb")　　　　D. fopen("D:\\user\\abc.txt","w")

10.2 编写一个文本文件复制的程序。

10.3 编写一个文本文件连接的程序。

10.4 编程读取文本文件内容并显示在屏幕上。

10.5 设已有两个整数文件，文件中的整数已按其值从小到大顺序存放。今要求将这两个文件合并成一个新文件，使新文件中的整数也是按值从小到大存放，且没有相同的整数。试编程实现。

10.6 设有三个按单词字典编辑顺序排列的名字表文件。并设每个名字不多于 20 个字符。试编写程序，从这三个文件中找出第一个在这三个文件中都出现的名字。限制程序在扫视文件时，这三个文件最多各扫视一遍。

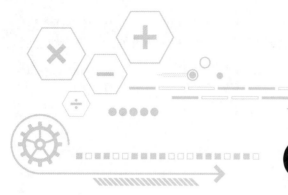

附录 A
C 语言的常用
库函数

1. 数学函数

使用数学函数时应包含头文件 "math.h"。

函数名	函数原型	功　　能	返回值	说明
abs	int abs(int x);	求整数 x 的绝对值	计算结果	
acos	double acos(double x);	计算 $\arccos^{-1}(x)$ 的值	计算结果	$-1 \leqslant x \leqslant 1$
asin	double asin(double x);	计算 $\arcsin^{-1}(x)$ 的值	计算结果	$-1 \leqslant x \leqslant 1$
atan	double atan(double x);	计算 $\arctan^{-1}(x)$ 的值	计算结果	
cos	double cos(double x);	计算 $\cos(x)$ 的值	计算结果	x 应为弧度
cosh	double cosh(double x);	计算 x 的双曲余弦值	计算结果	
exp	double exp(double x);	求 e^x 的值	计算结果	
fabs	double fabs(double x);	求 x 的绝对值	计算结果	
floor	double floor(double x);	求不大于 x 的最大整数	该整数的双精度数	
log	double log(double x);	求 $\ln x$	计算结果	
log10	double log10(double x);	求 $\log_{10} x$ 的值	计算结果	
pow	double pow(double x,double y);	计算 x^y 的值	计算结果	
rand	int rand(void);	产生 0 到 32 767 之间的随机整数	随机整数	
sin	double sin(double x);	计算 $\sin(x)$	计算结果	x 应为弧度
sinh	double sinh(double x);	计算 x 的双曲正弦值	计算结果	
sqrt	double sqrt(double x);	计算 x 的平方根	计算结果	$x \geqslant 0$
tan	double tan(double x);	计算 $\tan(x)$ 的值	计算结果	x 应为弧度
tanh	double tanh(double x);	计算 x 的双曲正切值	计算结果	

2. 字符函数和字符串函数

在使用字符串函数时要包含头文件"string.h"，在使用字符函数时要包含头文件"ctype.h"。

函数名	函数原型	功　能	返回值	包含文件
isalnum	int isalnum(int ch);	检查 ch 是否是字母或数字	是字母或数字返回 1；否则返回 0	ctype.h
isalpha	int isalpha(int ch);	检查 ch 是否是字母（A~Z，或 a~z）	是返回 1，不是返回 0	ctype.h
iscntrl	int iscntrl(int ch);	检查 ch 是否控制字符（ASCII 码在 0 到 0X1F 之间）	是返回 1，不是返回 0	ctype.h
isdigit	int isdigit(int ch);	检查 ch 是否是数字（0~9）	是返回 1，不是返回 0	ctype.h
isgraph	int isgraph(int ch);	检查 ch 是否可打印字符（ASCII 码在 0X21 到 0X7E 之间，不包括空格）	是返回 1，不是返回 0	ctype.h
islower	int islower(int ch);	检查 ch 是否小写字母（a~z）	是返回 1，不是返回 0	ctype.h
isprint	int isprint(int ch);	检查 ch 是否可打印字符（ASCII 码在 0X20 到 0X7E 之间，包含空格）	是返回 1，不是返回 0	ctype.h
ispunct	int ispunct(int ch);	检查 ch 是否标点字符（不包含空格）	是返回 1，不是返回 0	ctype.h
isspace	int isspace(int ch);	检查 ch 是否空格、跳格符（制表符）或换行符	是返回 1，不是返回 0	ctype.h
isupper	int isupper(int ch);	检查 ch 是否大写字母（A~Z）	是返回 1，不是返回 0	ctype.h
isxdigit	int isxdigit(int ch);	检查 ch 是否一个 16 进制字符（0~9，或 A~F，或 a~f）	是返回 1，不是返回 0	ctype.h
stacat	char *strcat(char *str1, char *str2);	将字符串 str2 接到 str1 后面，str1 最后的 '\0' 被取消	str1	string.h
strchr	char *strchr(char *str, int ch);	找出 str 指向的字符串中第一次出现字符 ch 的位置	返回指向该位置的指针，若找不到则返回空指针	string.h
strcmp	int strcmp(char* str1, char *str2);	比较两个字符串 str1、str2 的大小	str1<str2，返回负数 str1=str2，返回 0 str1>str2，返回正数	string.h
strcpy	char *strcpy(char *str1, char *str2);	将 str2 中的字符串复制到 str1 中去	返回 str1	string.h
strlen	unsigned int strlen(char *str);	统计字符串 str 中的字符个数（不包括 '\0'）	返回字符个数	string.h
strstr	char *strstr(char * str1, char *str2);	找出字符串 str2 在 str1 中第一次出现的位置（不包括 str2 中的 '\0'）	返回指向该位置的指针，若找不到则返回空指针	string.h
tolower	int tolower(int ch);	将字符 ch 转换为小写字母	返回 ch 相应的小写字母	ctype.h
toupper	int toupper(int ch);	将字符 ch 转换为大写字母	返回 ch 相应的大写字母	ctype.h

3. 输入和输出函数

使用输入输出函数时，应包含头文件"stdio.h"。

函数名	函数原型	功　能	返回值	说明
clearerr	void clearerr(FILE *fp);	清除文件指针错误	无	
close	int close(int fp);	关闭文件	关闭成功返回 0，否则返回 −1	
creat	int creat(char * filename，int mode);	以 mode 所指定的方式建立文件	建立成功返回正数，否则返回 −1	
eof	int eof(int fd);	检查文件是否结束	如遇文件结束返回 1，否则返回 0	
fclose	int fclose(FILE *fp);	关闭 fp 所指的文件，释放文件缓冲区	如有错则返回非 0，否则返回 0	
feof	int feof(FILE *fp);	检查文件是否结束	遇文件结束符返回非 0 值，否则返回 0	
fgetc	int fgetc(FILE *fp);	从 fp 所指定的文件中取得下一个字符	返回所得到的字符，如读入出错 EOF	
fgets	char *fgets(char *buf, int n, FILE *fp);	从 fp 指向的文件读取一个长度为（n−1）的字符串，存入地址为 buf 的空间	返回地址 buf，如遇文件结束或出错返回 NULL	
fopen	FILE *fopen (char *filename，char *mode);	以 mode 指定的方式打开名为 filename 的文件	打开成功则返回一个文件指针，否则返回 0	
fprintf	int fprintf(FILE *fp，char *format，args，…);	将 args 的值以 format 指定的格式输出到 fp 所指定的文件中	返回实际输出的字符数	
fputc	int fputc(char ch，FILE *fp);	将字符 ch 输出到 fp 指向的文件中	成功则返回该字符，否则返回 0	
fputs	int fputs(char *str，FILE *fp);	将 str 指向的字符串输出到 fp 指向的文件中	返回 0，如出错返回非 0	
fread	int fread(char *pt，unsigned size, un-signed n, FILE *fp);	从 fp 指向的文件中读取长度为 size 的 n 个数据项，存入 pt 所指向的内存区	返回所读的数据项个数，如遇文件结束或出错返回 0	
fscanf	int fscanf(FILE *fp，char *format，args，…);	从 fp 指定的文件中按 for mat 给定的格式将输入数据送到 args 所指的内存单元	返回已输入的数据个数	
fseek	int fseek(FILE *fp，long offset，int base);	将 fp 所指向的文件的位置指针移到以 base 所指出的位置为基准、以 offset 为位移量的位置	返回当前位置，否则返回 −1	
ftell	long ftell(FILE *fp);	返回 fp 所指向的文件中的读写位置	返回 fp 所指向的文件中的读写位置	
fwrite	int fwrite(char *ptr，unsigned size，unsigned n, FILE *fp);	将 ptr 所指向的 n*size 个字节输出到 fp 所指向的文件中	返回写到 fp 文件中的数据项的个数	

续表

函数名	函数原型	功　　能	返回值	说明
getc	int getc(FILE *fp);	从 fp 所指向的文件中读入一个字符	返回所读的字符，如文件结束或出错返回 EOF	
getchar	int getchar(void);	从标准输入设备读取下一个字符	返回所读的字符，如文件结束或出错返回 –1	
getw	int getw(FILE *fp);	从 fp 所指向的文件中读取下一个字（整数）	返回输入的整数，如文件结束或出错返回 –1	
open	int open(char *file–name, int mode);	以 mode 所指方式打开已存在的名为 filename 的文件	返回文件号（正数），如打开失败返回 –1	
printf	int printf(char * format, args，…);	按 format 所指向的格式字符串所规定的格式，将输出表列 args 的值输出到标准输出设备	返回输出字符的个数，出错返回负数	format 可以是字符串或字符数组的起始地址
putc	int putc(int ch，FILE *fp);	将一个字符 ch 输出到 fp 所指的文件中	返回输出的字符 ch，出错返回 EOF	
putchar	int putchar(char ch);	将字符 ch 输出到标准输出设备	返回输出的字符 ch，出错返回 EOF	
puts	int puts(char *str);	将 str 指向的字符串输出到标准输出设备，将 '\0' 转换为回车换行	返回换行符，如失败返回 EOF	
putw	int putw(int w，FILE *fp);	将一个整数 w（即一个字）写到 fp 指向的文件中	返回输出的整数，出错返回 EOF	
read	int read(int fd，char *buf，unsigned count);	从文件号 fd 所指的文件中读 count 个字节到由 buf 所指的缓冲区中	返回读入的字节个数，如遇文件结束返回 0，出错返回 –1	
rename	int rename (char * oldname，char * newname);	将由 oldname 所指的文件名，改为由 newname 所指的文件名	改名成功返回 0，出错返回 –1	
rewind	void rewind(FILE *fp);	将 fp 所指文件中的位置指针置于文件开头，并清除文件结束标志和错误标志	无	
scanf	int scanf(char * format, args，…);	从标准输入设备按 format 指向的格式字符串所规定的格式，输入数据给 args 指向的单元	返回读入并赋值给 args 的数据个数，遇文件结束返回 EOF，出错返回 0	
write	int write(int fd，char *buf, unsigned count);	从 buf 所指的缓冲区输出 count 个字符到 fd 所标志的文件中	返回实际输出的字节数，如出错返回 –1	

参 考 文 献

[1] 甘勇，李晔，卢冰. C语言程序设计[M]. 2版. 北京：中国铁道出版社，2015.

[2] 林小茶. C语言程序设计习题解答与上机指导[M]. 4版. 北京：中国铁道出版社，2016.

[3] 苏小红，王宇颖，孙志岗，等. C语言程序设计[M]. 北京：高等教育出版社，2011.

[4] HOKTONI. C语言入门经典（第5版）[M]. 杨浩，译. 北京：清华大学出版社，2013.

[5] 谭浩强. C程序设计[M]. 5版. 北京：清华大学出版社，2017.